AF366069

ANALYSE

DE LA

QUESTION DES SUCRES.

PARIS. — IMPRIMERIE DE Mme Ve DONDEY-DUPRÉ,

Rue Saint-Louis, 46, au Marais.

ANALYSE

DE LA

QUESTION DES SUCRES

PAR LE PRINCE

NAPOLÉON LOUIS BONAPARTE.

Laissez parler les faits.

ADMINISTRATION DE LIBRAIRIE,

26, RUE NOTRE-DAME DES VICTOIRES.

1842

PRÉFACE.

———

Fort de Ham, août 1842.

On a déjà tant dit et tant écrit sur les avantages et les inconvénients de la fabrication du sucre indigène, qu'au premier abord la discussion semble épuisée. Cependant, comme la plupart des hommes qui ont élevé la voix pour ou contre cette industrie étaient directement intéressés dans la question, on peut leur reprocher d'avoir mis trop de partialité dans l'exposé de leur sujet, trop de feu dans la défense de leur cause, et Montesquieu l'a dit : *la passion fait sentir, mais jamais voir.*

Loin de moi la prétention d'avoir mieux vu que

les autres, ni d'avoir trouvé l'issue d'un labyrinthe où tant d'intérêts se croisent en tous sens; mais j'espère avoir analysé et présenté sous son véritable jour une question qu'on s'est plu à déplacer et à obscurcir. Je crois avoir été impartial; la prospérité des colonies ne m'est pas moins à cœur que le développement de l'industrie indigène, et si d'un côté la fabrication du sucre a droit à toutes mes sympathies comme création impériale, d'un autre côté je ne puis oublier que ma grand'mère, l'Impératrice Joséphine, est née dans ces îles où retentissent aujourd'hui les plaintes contre la concurrence des produits de la métropole. D'ailleurs, quelque gloire que je mette à défendre les fondations de l'Empereur, ma vénération pour le chef de ma famille n'irait jamais jusqu'à me faire préconiser ce que ma raison repousserait comme nuisible à l'intérêt général de ma patrie.

Si je croyais l'invention d'Achard contraire au bien-être du plus grand nombre, je l'attaquerais malgré son origine impériale; je suis citoyen avant d'être Bonaparte.

Je me suis efforcé avant tout d'appuyer mes raisonnements sur des chiffres officiels; mais ma position particulière a dû nuire beaucoup à un travail qui exige des recherches étendues et des communications fréquentes avec les hommes versés dans les questions industrielles. Quelque imparfait néanmoins que soit cet écrit, s'il peut porter la lumière dans quelques convictions encore indécises, et contribuer à gagner quelques voix en faveur d'une industrie que je regarde comme une source féconde de prospérité pour la France, je remercierai le ciel de m'avoir permis, même dans la captivité, d'être utile à mon pays, comme je le remercie tous les jours de me laisser sur ce sol français, objet de tout mon amour, et que je ne veux quitter à aucun prix, pas même pour la liberté.

Signé : Napoléon Louis Bonaparte.

ANALYSE

DE LA

QUESTION DES SUCRES.

CHAPITRE PREMIER.

HISTORIQUE, ÉTAT DE LA QUESTION.

La lutte de l'Angleterre contre la révolution française avait eu pour résultat la perte de nos colonies et la ruine de notre commerce maritime. Notre gêne était d'autant plus sensible que la guerre nous interceptait des denrées devenues de première nécessité, comme le sucre et le café, et des produits importants pour l'industrie, comme le coton, l'indigo et la cochenille.

Il fallait combattre et sur terre et sur mer. Aboukir, Trafalgar fermèrent la mer à notre valeur. Alors le chef du gouvernement français prit une de ces résolutions qu'un grand homme seul peut concevoir et accomplir, celle de transporter les colonies en Europe en chargeant la science de trouver dans nos climats les équivalents des produits de l'équateur.

L'entreprise paraissait impossible. Elle réussit complétement. La denrée la plus importante des Indes occidentales, le sucre, est devenue un produit français.

Par le décret du 25 mars 1811, l'Empereur ordonna que 32,000 hectares seraient consacrés à la culture de la betterave, et il mit un million de francs à la disposition du ministre de l'intérieur pour encourager cette industrie, ainsi que la culture du pastel, qui devait remplacer l'indigo. Non-seulement il reconnut les efforts des industriels par des récompenses pécuniaires, mais il les paya encore d'une autre monnaie toute française, l'honneur. Le 2 janvier 1812, M. Benjamin Delessert notamment reçut la croix de la Légion d'honneur, comme prix des succès qu'il avait obtenus dans la fabrication du sucre.

Cependant les sarcasmes parisiens accueillaient la précieuse découverte, et les hommes qui doutent toujours de l'inconnu se riaient de cette nouvelle conception du génie.

Mais tandis qu'à Paris on tournait en ridicule la betterave, les Anglais la prenaient au sérieux et cherchaient tous les moyens d'en étouffer les résultats à leur naissance. On lit dans le *Journal de l'Empire*, du 11 avril 1811, l'article suivant : « Un » fait important que public le célèbre chimiste prus- » sien M. Achard prouve combien les Anglais sont » inquiets des mesures prises par l'empereur Napo- » léon pour remplacer le sucre de canne. Sous le » voile de l'anonyme il a été proposé à M. Achard, » d'abord en 1800, une somme de 50,000 écus, » puis, en 1802, une autre de 200,000, s'il voulait » publier un ouvrage dans lequel il avouerait que » son enthousiasme l'a égaré, que ses expériences » en grand lui ont démontré la futilité de ses pre- » miers essais, et qu'il a enfin acquis la conviction » très-désagréable que le sucre de bettrave ne pour- » rait suppléer à celui de canne. L'honneur et le » désintéressement qui caractérisent M. Achard lui » firent, comme de raison, repousser ces offres in- » sultantes. »

Cette tentative n'ayant pas réussi, les Anglais

eurent recours à un autre expédient. Ils firent écrire par le célèbre chimiste sir Humphrey Davy (1), qui ne devait rien ignorer de ce qui avait rapport à la science (*Traité de Chimie agricole*, publié en 1815), que la betterave donnait un *sucre amer*, le forçant ainsi à sacrifier son amour-propre de savant à son patriotisme de citoyen.

En effet, l'intérêt de l'Angleterre s'opposait à ce que le sucre devînt un produit continental. Assise entre l'Europe et l'Amérique, la Grande-Bretagne veut être l'entrepôt des marchandises du monde. Ses innombrables bâtiments se chargeant de la plus grande partie des transports, elle veut favoriser l'échange des *produits naturels* de chaque pays, à condition de leur donner en retour ses *produits manufacturés*.

Ainsi, en général, toute nouvelle industrie continentale lui fait éprouver une double perte. Elle remplace sa fabrication et diminue ses transports maritimes.

En 1815 l'édifice napoléonien semblait devoir tout entier tomber avec l'Empereur; mais la base

(1) Le fait est rapporté dans la brochure de M. Matthieu de Dombasle sur le sucre de betterave, page 9.

descendait trop avant dans les profondeurs du sol français. Les grandes créations demeurèrent debout : le Code Napoléon, l'organisation de la justice, des finances, de l'armée, de l'administration, de l'instruction publique, résistèrent au choc. La découverte du sucre de betterave survécut aussi.

Réléguée d'abord dans un coin de la France, la fabrication indigène y vécut inoffensive et inconnue, ayant presque l'air de se dérober aux regards pour faire oublier son origine, et subissant le sort du drapeau d'Austerlitz, qui, comme elle obligé de se cacher, conservait cependant aussi tout un avenir de gloire.

La restauration, il faut le reconnaître, plus intelligente des intérêts de la France que le gouvernement qui lui succéda, sut protéger à la fois et les colonies et l'industrie sucrière, fille de l'empire. Elle seconda la fabrication indigène en l'exemptant d'impôts, en mettant des droits sur les sucres coloniaux. Elle favorisa la production d'outre-mer comme celle de la métropole, en élevant à des taux prohibitifs le tarif des sucres étrangers.

Mais depuis 1830, la destruction de la fabrication indigène, aussi bien que la ruine des colonies, semble un système arrêté, conçu avec machiavélisme, poursuivi avec persévérance. Il est facile de s'en convaincre.

En 1830 les fabriques ne livraient à la consommation que sept millions de kilogrammes de sucre de betteraves; la science aidant, les procédés se perfectionnèrent avec rapidité, et les récoltes doublèrent presque d'année en année.

Les colonies, de leur côté, qui en 1816 n'avaient importé en France que dix-sept millions six cent soixante dix-sept mille kilogrammes de sucre, avaient tellement accru leur fertilité, qu'en 1831 elles envoyèrent dans nos ports près de quatre-vingt-huit millions de kilogrammes.

Or, que fit le gouvernement à la vue de cette production toujours croissante des colonies et des fabriques? Il sembla mettre tous ses efforts à encombrer davantage le marché, en introduisant au milieu des deux productions rivales un troisième concurrent, le sucre étranger, dont il favorisa l'entrée : 1° en baissant la surtaxe (1); 2° en abolissant les primes

| (1) | DROITS | | |
ANNÉES DE LA LOI.	SUR LES SUCRES COLONIAUX.	SUR LES SUCRES ÉTRANGERS.	SURTAXE.
27 juillet 1822	45	95	50
26 avril 1833	45	85	40
1840	45	65	20

d'exportation; 3° en fixant le rendement des sucres raffinés étrangers au même taux que le rendement des sucres français.

Les résultats sont faciles à constater.

En 1832 il était entré dans les ports de France trois millions quatre cent trente-neuf mille six cent vingt-quatre kilogrammes de sucre étranger, et nous en avions exporté, après raffinage, vingt-deux millions cent onze mille six cents. Dans les dix premiers mois de 1844, il est entré dix-neuf millions six cent vingt-deux mille kil. de sucre étranger, et on en a exporté six millions sept cent soixante-quatre mille six cent quatre-vingt-quatre de raffiné. (Voy. le tableau A, mis à la fin du livre.)

Avant de passer à l'examen des diverses modifications qu'a subies la législation des sucres, établissons un fait. Le mauvais état de la richesse coloniale remonte à une époque antérieure au développement de la fabrication indigène. Cette position a toujours forcé les colonies à livrer les sucres plus cher que les Antilles anglaises, et elles n'ont joui de quelques bénéfices sous la restauration qu'en obtenant la proscription presque entière du sucre étranger. On lit dans le rapport de l'enquête faite

en 1829 par ordre du gouvernement la phrase suivante : « Lorsque la restauration nous rendit nos
» colonies, les cultures s'y trouvaient ruinées et les
» planteurs écrasés de dettes. L'Angleterre avait ga-
» ranti leur tranquillité, mais s'était peu inquiétée
» de leur fortune. Ses tarifs avaient soumis les pro-
» duits de la Martinique et de la Guadeloupe à des
» droits plus forts que celui des provenances des
» Antilles anglaises. *Cette longue dépression est une*
» *des causes qui influent encore aujourd'hui sur la cherté*
» *de la production.* »

C'est cette cherté de production qui obligea les
colonies en 1820 à se plaindre de la baisse qui avait
eu lieu, et à exiger une augmentation de la surtaxe
sur les sucres étrangers. Quoique cette surtaxe fût
alors de 27 fr. 50 cent. par cent kilogrammes (elle
est aujourd'hui de 20 fr.), elles déclarèrent ne
pouvoir supporter la concurrence ni lutter contre
les sucres de l'Inde (1). En 1822 leurs réclamations
devinrent encore plus véhémentes, et cependant à
cette époque leur production venait de surpasser de
onze millions de kilogrammes les récoltes de 1820 ;

____

(1) Même rapport.

les importations des sucres étrangers s'étaient ré-
duites de huit millions à trois. « Que manquait-il
» donc aux colons? s'écrie M. le comte d'Argout,
» rapporteur de l'enquête de 1829; et il ajoute : *Des*
» *prix de vente semblables à ceux de 1816 et 1818.* »
Là, en effet, gît la difficulté. Le prix du sucre était
tombé de 93 fr. à 74 en 1820, et à 63 fr. en 1822;
les plaintes des planteurs des Antilles décidèrent le
gouvernement à porter la surtaxe à 50 fr. Les
colons se croyant sûrs de rester maîtres absolus du
marché français, donnèrent un développement exa-
géré à leurs forces productives, et remplacèrent dans
beaucoup d'endroits leurs plantes à café par les
cannes à sucre; mais cette substitution se faisant
dans des lieux les moins favorables à cette culture
et à l'aide d'emprunts onéreux, leur prix de revient
dut nécessairement rester toujours à un taux élevé.
L'enquête de 1829 prouve clairement cette substitution, que les chiffres officiels suivants attestent également.

ÉTAT COMPARÉ DES CULTURES DES COLONIES (1).

DÉSIGNATION DES CUTURES.	NOMBRE D'HECTARES EN CULTURE.		
	1826	1836	1839
MARTINIQUE. Sucre	17,621	23,777	19,814
Café	3,861	2,017	2,463
Coton	720	249	165
Cacao	491	464	389
Vivres et autres cultures	9,403	12,710	14,382
Totaux des terrres cultivées........	32,096	40,117	37,213
GUADELOUPE. Sucre	22,909	24,573	20,984
Café	6,964	5,838	6,914
Coton	2,208	1,027	1,076
Cacao	68	179	124
Girofle	»	»	2
Tabacs	»	»	23
Vivres	10,202	13,141	16,060
Totaux des terres cultivées......	42,331	44,760	45,183

(1) Ces renseignements sont extraits des *Annales maritimes et coloniales.* — M. le baron Charles Dupin, dans sa brochure intitulée : *La vérité des faits*, page 44, dit que loin de pouvoir accuser Bourbon d'avoir détruit les plantations de café pour y substituer la canne à sucre, ses caféries se sont augmentées d'un quart en superficie. Ce résultat ressort en effet de la comparaison de l'année 1819 avec l'année 1838; mais si l'on compare entre elles les années qui ont suivi 1827, on acquiert la conviction que les caféries ont diminué à Bourbon de près d'un tiers dans l'espace d'environ dix ans, et que la canne à sucre a envahi un grand nombre d'hectares, autrefois consacrés à d'autres cultures.

GUYANE.			
Sucre	797	1,571	1,305
Café	473	188	156
Coton	1,877	2,746	2,389
Cacao	373	197	167
Girofle	1,291	829	1,179
Poivre et muscade	»	»	124
Rocou	»	»	2,657
Vivres	7,713	6,235	4,154
Totaux des terres cultivées......	12,524	11,766	12,131

BOURBON.			
Sucre	8,241	14,530	22,405
Café	8,909	4,179	5,733
Coton	66	»	»
Cacao	59	28	74
Girofle	3,500	2,980	2,761
Tabacs	»	»	610
Vivres	44,800	43,985	38,403
Totaux des terres cultivées......	65,575	65,702	69,986

En 1826, quoiqu'il n'y eût plus alors de concur-rence étrangère, et qu'il n'y eût pas encore de con-currence intérieure, ce fut contre la surabondance de leur propre production qu'il fallut protéger les colo-nies. L'excédant de nos entrepôts avait amené la baisse des prix (Rapport Ducos, pag. 5, 1839). Le gouvernement accorda, par la loi du 17 mai, une prime de 120 fr. d'exportation par cent kilogrammes de sucre raffiné, ce qui eut pour effet de créer aux su-cres coloniaux raffinés en France un débouché à l'é-tranger, et de protéger à la fois les colonies, les raf-fineurs et l'industrie naissante de la betterave. Ainsi donc, à trois époques différentes et avant l'intervention réelle de la betterave, il y a eu trois crises ou baisses de prix qui avaient eu pour cause deux fois la concurrence étrangère, et une troisième fois l'excès de production des colonies; mais il importe de le bien signaler, l'exclusion des produits étrangers ou la surexcitation de nos exportations remédia promptement au mal.

Depuis 1830 une seule préoccupation a dominé toutes les autres, l'intérêt du trésor, et dans ce but on a refoulé sur le marché français la production indigène et coloniale, afin de tuer l'une par l'autre, et toutes les deux par le sucre des Indes.

Dès 1832 cette intention se manifesta.

Quoique la production indigène fût encore très-limitée, puisqu'elle ne livrait que douze millions (kil.) de sucre, M. le comte d'Argout, ministre du roi, proposa de mettre un impôt de 5 francs pour cent kilogrammes sur le sucre de betterave. Ce projet fut repoussé par les chambres. En 1833 on supprima les primes d'exportation, et cette mesure eut des effets qu'il est nécessaire d'examiner.

En substituant purement et simplement à la sortie des sucres raffinés les droits qu'ils ont payés en entrant à l'état brut, sans différence d'origine, on favorise les produits étrangers.

En effet, cent kilogrammes de sucre brut produisent ou *rendent* de soixante-dix à soixante-quinze kilogrammes de sucre raffiné. Cette différence s'appelle le *rendement*. Si on soumet les sucres étrangers au même rendement que les sucres coloniaux, en leur accordant à la sortie les droits payés d'après *le tarif de leur provenance*, comme ils sont meilleur marché, les raffineurs préfèrent leur emploi à tout autre, et l'écoulement de nos produits se trouve restreint. C'est ce qui arriva, parce qu'on mit les produits étrangers sur le même pied que les nôtres, au lieu de suivre l'exemple de l'Angleterre, où le sucre étranger n'obtient jamais à la sortie après raffinage la restitution entière du droit qu'il a payé, mais le droit équivalent au sucre colonial.

Il y a encore une autre considération.

Si le chiffre du rendement est fixé trop haut, les raffineurs reçoivent moins qu'ils n'ont payé, et l'exportation leur est interdite ; si au contraire on le fixe un peu plus bas que le déchet réel, on encourage les exportations par une espèce de prime déguisée. Or, si les sucres français jouissaient seuls de ce bénéfice,

il y aurait avantage pour le pays à diminuer le taux
du rendement; mais si les sucres exotiques sont appelés à profiter, il arrive que sur cent kilogrammes
il en reste chez les raffineurs une certaine quantité
qui a échappé à tout impôt.

Pour ceux qui croiraient que ce changement a été
introduit sans préméditation des résultats qu'il devait amener, nous rapportons le passage suivant du
rapport de M. Passy, le 4 mars 1833 : « La substi-
» tution du *drawback* à la prime changera toutes les
» situations respectives. Dès qu'on ne restituera plus
» aux sucres exportés que le montant intégral des
» droits acquittés à l'entrée, *les sucres étrangers, à cause*
» *de l'infériorité des prix auxquels ils arrivent aux en-*
» *trepôts, offriront seuls des chances de bénéfice aux ex-*
» *portateurs, et pour les sucres de nos colonies se ferme-*
» *ront complétement les débouchés extérieurs qui jus-*
» *qu'à présent en ont soutenu la valeur.* Que devien-
» dront, ajoute le député de l'Eure, les vingt mil-
» lions de kilogrammes que nos colonies produisent
» en sus des besoins de la consommation nationale?
» Dans l'état d'esclavage où vit la population noire,
» les colons ne pourront ni la laisser un moment
» sans ouvrage, ni lui trouver immédiatement un

» nouvel emploi. Tout leur commandera de persis-
» ter dans leurs travaux, et ce ne sera qu'en se rési-
» gnant à livrer *à très-bas prix* leurs récoltes qu'ils
» en trouveront l'écoulement. A quel taux descen-
» dront les sucres coloniaux? Il serait hasardeux de
» le prédire; mais à coup sûr *la baisse sera énorme et*
» *le contre-coup s'en fera ressentir aux sucres de bette-*
» *rave.* »

Nous pouvons encore citer les paroles de M. Ducos; quoiqu'elles aient été prononcées quelques années plus tard, la question est la même. Il s'exprime
ainsi dans son rapport, page 63, en 1839 : « La nou-
» velle combinaison de nos tarifs ne réservera *pas*
» *beaucoup de chances d'exportation aux sucres colo-*
» *niaux.* Ils ne produiront pas aux raffineurs fran-
» çais le même avantage que les sucres étrangers,
» dont le prix devra être proportionnellement plus
» bas, et qui jouissent d'ailleurs à la sortie d'un
» drawback beaucoup plus élevé. »

Continuons à analyser les actes du gouvernement.
En 1833 on mit un droit plus élevé sur le sucre
brut *blanc* des colonies, c'est-à-dire qu'on empêcha
le perfectionnement du sucre colonial pour lui conserver plus de *pesanteur transportable.* A ce sujet

M. Molroguier remarque très-bien dans son examen sur la question des sucres que ce fut une mesure plus digne d'un siècle de barbarie que des lumières de notre époque. « Autant vaudrait, dit-il,
» forcer les colons d'introduire des pierres ou des
» métaux dans le sucre pour en augmenter le
» poids. »

Enfin, pour clorre la liste de toutes ces mesures
aussi hostiles aux colonies qu'au sucre de betterave,
on baissa de 10 francs la surtaxe sur le sucre
étranger. Concluons. Les crises qui sont venues
affliger les deux industries françaises n'avaient rien
d'extraordinaire, elles étaient prévues par le gouvernement et par les commissions des Chambres.

L'encombrement est donc venu en grande partie
du sucre étranger, et le calcul suivant en fournit la
preuve évidente; ajoutez d'une part les deux productions coloniales et indigènes, d'une autre la consommation intérieure et les exportations de sucres
coloniaux tant bruts que raffinés; faites la soustraction, vous trouverez que depuis 1834, époque de la
suppression des primes, une faible quantité de sucre
serait restée sans écoulement, si le sucre étranger ne
fût pas venu prendre la place de nos produits dans

les entrepôts, dans les exportations et même dans la consommation.

Total pendant sept ans (de 1834 à 1840) des importations des sucres des colonies et de la récolte des sucres indigènes 820,445,471

Total pendant la même période de la consommation intérieure et des exportations de sucres coloniaux tant bruts que raffinés 777,543,427

Reste au delà de la consommation . 42,901,744

Quantité peu considérable et qui n'eût pas créé un grand encombrement, puisqu'elle ne s'élève qu'à environ six millions de kilogrammes par an.

Mais si on ajoute à cette somme la quantité de sucre étranger arrivé pendant la même période, et qui se monte à 78,736,586

On a pour la quantité de sucre qui n'a pas pu trouver d'écoulement. . . 121,638,330

Ou plus de dix-sept millions de kilogrammes par an.

Si la question avait été présentée de cette manière, on aurait sans doute évité bien des chocs d'intérêts ; mais cela n'aurait pas fait l'affaire des hommes qui veulent à tout prix la suppression de la betterave ; ainsi pour donner le change aux esprits, on la rendit seule responsable du malaise et des perturbations. Au lieu d'éclaircir la question, on a donc fait tout au monde pour l'obscurcir ; au lieu de réconcilier les intérêts opposés, on s'est plu à les exciter les uns contre les autres. Suivons la marche des faits.

En 1835, la demande d'un droit sur le sucre indigène fut encore reproduite aux Chambres et écartée ; ce ne fut qu'à la troisième tentative, le 18 juillet 1837, que le droit de fabrication de 15 francs par cent kilogrammes fut adopté définitivement pour être mis en pratique le 1ᵉʳ juillet 1838.

Puis, enfin, le 1ᵉʳ juillet 1839, on mit le complément d'impôt de 5 francs 50 cent.

C'était un grand pas de fait. D'un côté on avait coupé les ailes à la fabrication indigène, et de l'autre les colonies et les ports de mer étaient persuadés que leur prospérité dépendait de la ruine de la betterave.

Et ce qui prouve combien les colonies se trompaient, c'est que cet impôt qui restreignit de moitié la production du sucre indigène, qui fit fermer cent soixante-six fabriques, n'apporta aucun avantage aux colonies. La baisse des prix continua, et amena la crise de 1839, qui nécessita les arrêtés des 15 et 27 mai des gouverneurs de la Martinique et de la Guadeloupe, permettant d'exporter les sucres par tout navire et à toute destination. Cette mesure fut suivie en France par l'ordonnance de dégrèvement du 24 août 1839, ordonnance qui, par parenthèse, était illégale (1), et qui dégrevait le sucre colonial de 13 fr. 20 c. Or ces mesures ne produisirent qu'une perturbation plus grande, car les arrêtés des gouverneurs déterminèrent une hausse sur les lieux de production, tandis que l'attente du dégrèvement et le dégrèvement lui-même continuèrent la baisse sur les marchés français (2).

Ainsi donc, sans relever l'état de malaise des colo-

(1) L'art. 34 de la loi du 17 décembre 1814 dit formellement que des ordonnances du roi pourront, en cas d'urgence, diminuer les droits sur les matières premières et nécessaires aux manufactures. Or le sucre des colonies n'est certes pas une matière première nécessaire aux manufactures.

(2) M. Ducos, dans son rapport du 2 juillet 1839, dit qu'à cette époque les prix du sucre étaient plus élevés sur les marchés étrangers que sur les nôtres, ce qui ne s'était jamais vu depuis vingt-cinq ans. Cette hausse provenait de la mauvaise récolte de la Louisiane et de l'émancipation des nègres aux Antilles anglaises.

nies, on avait accumulé dans l'espace de treize mois les charges suivantes sur la fabrication indigène :

En principal et décime et par
100 kilogrammes.

Impôt établi le 1er juillet 1838....................	11 fr.	
Complément d'impôt du 1er juillet 1839.........	5	50 c.
Dégrèvement du sucre coloniale par l'ordonnance du 21 août 1839...........................	13	20
Différence totale au préjudice de la production indigène...........................	29	70

Le résultat de ces mesures fiscales et des lois anticoloniales dont nous avons parlé devait être une ruine presque complète des deux industries ; mais par un de ces hasards favorables aux choses humaines, les sucres des colonies, qui depuis 1834 n'étaient plus exportés à l'état raffiné qu'en très-petite quantité, commencèrent depuis cette époque à être exportés des entrepôts à l'état brut (1). Cette circonstance diminua un peu l'encombrement ; et le sucre indigène de son côté soutint avec une fermeté extraordinaire le fardeau dont on le greva.

(1) En 1834 sucres des colonies exportés à l'état brut.   1,700,000 kil.

1835......................................	4,367,000
1836......................................	5,570,000
1838......................................	8,000,000
1841......................................	62,755

En 1840 on rétablit l'ancien tarif sur le sucre colonial, et on exhaussa de 10 francs en principal l'impôt sur le sucre indigène. Le droit fut donc porté à 27 fr. 50 c., décime compris, par cent kilogrammes. On diminua encore la surtaxe sur les sucres étrangers de 20 francs, et on abaissa leur rendement qu'en 1839 on avait élevé à 75 fr., à 70 fr., taux du rendement français. N'était-ce pas protéger leur importation et leur exportation au détriment des produits nationaux ?

On espérait que tous ces changements si brusques ruineraient les fabricants français, ou du moins feraient désirer la suppression avec indemnité à la plupart d'entre eux. L'habileté du gouvernement avait été d'amener deux adversaires à formuler tous les deux les mêmes vœux.

En effet, en 1841, les pétitions affluaient de toutes parts. Les colonies disaient : Tuez-les, et les betteravistes répétaient avec une humilité toute chrétienne : Tuez-nous. Il n'y avait plus qu'à prononcer la sentence et à payer les frais d'enterrement ; mais souvent le dernier obstacle à franchir est le plus difficile. Au moment où la loi sur la suppression avec indemnité allait être portée aux Chambres, l'opinion

publique s'émut, et des rapports alarmants parvin-
rent sans doute aux oreilles des ministres. On devait
leur dire : « Quelques grands fabricants enrichis ou
» quelques petits fabricants endettés attendent l'in-
» demnité avec impatience; mais les véritables fabri-
» cants, ceux qui ont surmonté par leurs efforts et
» par les secours de la science tous les obstacles que
» la nature et le gouvernement mettaient au dévelop-
» pement de leur industrie, mais les cent mille
» bras intéressés à la fabrication qui leur donne
» du pain, mais les sept départements principaux
» pour lesquels cette industrie est une source fé-
» conde de prospérité, ne verront pas avec calme vo-
» tre vandalisme s'accomplir, et si vous persistez
» dans votre projet, craignez le mécontentement po-
» pulaire.» Ces mots touchèrent bien des cœurs : il
y en a tant que la peur seule rend sensibles ! et la loi
des sucres fut ajournée à la prochaine session.

Telles sont les péripéties que l'industrie du sucre
de betterave a subies depuis trente ans. Repoussée dans
le principe parce qu'elle n'avait, disait-on, aucune
chance de vie, on l'attaqua avec fureur dès qu'elle
parut puissante et promit trop de chances de développement. Avant d'analyser ses avantages et ses

inconvénients, constatons trois grands résultats :

1° Le gouvernement a toujours manifesté les mêmes intentions hostiles à son égard en lui adressant les mêmes reproches, soit qu'en 1832 elle ne produisît que 12 millions de kilogrammes de sucre, soit qu'en 1837 elle en produisît 50 millions, soit qu'en 1841 elle n'en produisît plus que 26 millions.

2° Malgré la répugnance des Chambres, l'action incessante du gouvernement l'a emporté, et, contre toute espèce de justice, les fabricants de sucre ont passé brusquement, et sans transition, d'un régime de liberté et d'encouragement au régime le plus dur, l'impôt sur la fabrication.

3° Enfin, la restriction imposée à l'industrie indigène n'a profité qu'au sucre étranger, qui est venu remplacer sur nos marchés ce que nos fabriques ont  produit de moins. C'est donc en sa faveur, et non dans l'intérêt de nos colonies, que se poursuit l'anéantissement de la betterave.

Quant aux colonies, leur position est identiquement la même depuis 1820. Pour assurer leur prospérité il faudrait élever très-haut le prix des sucres sur le marché français, condition opposée à l'intérêt général, et impraticable tant qu'il existera concurrence intérieure ou étrangère, tant que les colonies ne seront pas seules à approvisionner la France. Il y a donc urgence à relàcher les liens qui les attachent à la mère-patrie, et la cause de leur ruine n'est pas la betterave. En 1820 et 1822, lorsque l'industrie sucrière était encore dans l'enfance, n'exhalaient-elles pas les mêmes plaintes contre le sucre étranger? Le mal qui les ruine remonte donc à nos guerres maritimes, aux mesures fiscales du gouvernement, il tient à la nature du sol et au monopole maintenu avec obstination.

La question réduite à sa plus simple expression est celle-ci : La France, en comptant les dix millions de kilogrammes qu'elle exporte, consomme 120 millions de sucre, nos colonies nous en fournissent 80 millions; il reste donc 40 millions pour compléter l'approvisionnement total. Si l'on supprime la fabrication indigène, ces 40 millions nous viendront de l'étranger, et il y aura une hausse de prix; mais elle ne sera que momentanée, car dans l'intérêt des consommateurs on sera obligé de baisser la surtaxe (1), et les sucres étrangers, qui entrent déjà en

(1) La pétition des négociants du Havre en fait déjà mention.

immense quantité, entreront bien davantage; les prix fléchiront, la souffrance des colonies augmentera, leurs plaintes, comme avant 1830, éclateront contre la concurrence des produits de l'Inde, et nous aurons détruit une industrie française au profit seul de l'étranger. La maintenir est donc une question de nationalité.

Envisagée sous ce point de vue, une plus ample discussion nous paraîtrait oiseuse; mais comme il faut prendre le problème tel qu'il a été posé, nous sommes conduits à considérer sous le point de vue de la prospérité générale de la France :

Intérêt de l'industrie indigène;

Intérêt des colonies;

Intérêt des consommateurs.

CHAPITRE II.

INTÉRÊTS.

Toute question doit être envisagée sous le triple
rapport des intérêts, du droit, et de la justice.

Les intérêts soulevés par cette discussion se rattachent *à l'agriculture*, *à l'industrie*, *aux colonies*, *à la
marine*, *au trésor*, et enfin *aux consommateurs*. Avant
de passer à l'analyse de ces différents sujets, examinons l'état actuel de la fabrication indigène

ÉTAT DE LA FABRICATION DE SUCRE DE BETTERAVE
EN 1840.

NOMS des départements.	NOMBRE de fabriques.	NOMBRE d'hectares en-semencés en betteraves.	PRODUCTION annuelle de betterave en quintaux métri-ques (100 kil.).	VALEUR de la production annuelle (francs).
Nord (1)...........	155	12,241	5,145,599	8,391,458
Pas-de-Calais...	74	7,162	2,316,123	3,835,302
Aisne............	36	3,338	859,742	1,547,726
Somme...........	36	5,106	1,084,734	2,102,343
Puy-de-Dôme...	12	1,029	286,927	376,237
Oise............	7	1,101	274,275	403,546
Seine-et-Oise....	4	1,628	391,781	1,427,363
Total des 7 dép. principaux.....	324	31,625	10,359,181	18,085,995
35 autres départ..	65 envir.	6,000	1,800,000	3,012,000
Total général....	389	37,625	12,159,181	21,097,995

(1) Les chiffres exprimant la culture des sept principaux départe-ments sont officiels ; mais ceux des trente-cinq autres départements sont purement approximatifs.

Voici d'autres chiffres officiels sur le nombre de fabriques et leur production :

De 1838 à 1839 il y avait 555 fab. en activité, produisant   39,199,408 k.

De 1839 à 1840   422   22,748,957

De 1840 à 1841   389   26,925,562

De 1841 à 1842   398   30,493,624

Nous aurions pris le dernier tableau inséré dans le *Moniteur* du 20 juillet 1842, si des fautes d'impression n'en rendaient les détails in-intelligibles.

Les nombres ci-dessus sont extraits de la statistique agricole de la France, ouvrage officiel publié en 1840. Il est probable que le recensement des hectares mis en culture de betterave, ainsi que leur rendement, a été fait avant l'impôt qui a réduit de beaucoup la fabrication et les ensemencements. Nous prendrons donc 26,000 hectares comme le chiffre approchant le plus de la situation actuelle, 8,800,000 quintaux métriques pour la production annuelle de betteraves dont la valeur se monte pour les cultivateurs à 14,000,000 fr., et enfin le chiffre de 40 millions de kilogrammes comme moyenne de la quantité de sucre brut livrée ou pouvant être livrée par les fabriques. Celle-ci ne se monte, il est vrai, d'après les investigations officielles, qu'à 30 millions pour la campagne de 1841 à 1842, mais il faut aussi compter qu'une certaine portion échappe encore au fisc.

La quantité de mélasses livrées à la distillerie ou autres industries est environ de 9 millions de kilogrammes.

La mise en activité de ces trois cent quatre-vingt-neuf fabriques exige un fonds de roulement d'environ 24 millions de francs.

Elles alimentent annuellement une multitude d'industries annexes, comme celles du noir animal, acide, chaux, vannerie, toiles, cuivre, zinc, ferblanterie, serrurerie, menuiserie, charronnage, construction de machines, etc., et elles y versent la somme d'environ 7,500,000 francs.

Elles consomment seulement en houille 2,500,000 hectolitres, qui font, à 85 kilogrammes l'hectolitre, 212,000 tonneaux à transporter sur les canaux.

La récolte de 8,800,000 quintaux métriques de betteraves donne environ 1 million et 800,000 quintaux métriques, ou 180 millions de kilogrammes de pulpes qui peuvent servir à engraisser environ 24,000 bœufs ou 400,000 moutons (1).

Le fumier qu'on retire de ces animaux sert à l'engrais d'un grand nombre d'hectares, et le résidu provenant de la défécation est employé au même usage que les feuilles de la betterave lorsqu'on ne les donne pas comme nourriture.

Ces trois cent quatre-vingt-neuf fabriques occu-

(1) A raison de 50 kil. par jour pour un bœuf pendant cinq mois, et 5 kil. par jour pour un mouton pendant trois ou quatre mois.

Un bœuf de 250 kil. pèse gras 325 à 350 kil; un mouton de 15 kil. pèse gras 21 kil.

pent directement cinquante mille ouvriers à raison de cent vingt-cinq ouvriers agricoles et manufacturiers pour produire 100,000 kilogrammes de sucre. Et comme un des avantages de ces établissements est d'occuper les femmes et les enfants, ce n'est pas exagérer la réalité que de considérer le nombre des employés comme étant le double de celui des ouvriers, et en ajoutant à ce nombre celui des fabricants et de leurs familles, on a au moins cent deux mille individus intéressés directement à la fabrication indigène.

Pour prix de main d'œuvre ces fabriques versent dans les classes pauvres plus de 7,000,000 fr. par an pendant les six mois de l'année où l'agriculture les laisse sans occupation.

Enfin, il est clair qu'une production annuelle de 40 millions de kilogrammes de sucre qui valent 48,000,000 francs crée un mouvement d'argent de 96,000,000.

INTÉRÊTS AGRICOLES.

L'agriculture en France est loin d'avoir atteint tous les perfectionnements désirables. Sur 24,118,944

hectares de terres labourables (1) il y a annuellement 6,763,281 hectares livrés aux jachères, c'est-
à-dire qui restent incultes ou qui sont abandonnés
à des cultures très-secondaires, car ils ne produisent, d'après la statistique agricole de la France,
que 92,285,902 francs (moyenne du produit par
hectare 13 fr. 25 c.). Si ce nombre d'hectares était
cultivé, ils rapporteraient 1,075,361,679 francs en
comptant 159 fr. par hectare la valeur moyenne du
produit des terres ensemencées. L'augmentation annuelle des revenus agricoles serait de 983,000,000 fr.

Le principal progrès de l'agriculture réside donc
dans la suppression des jachères; mais on ne peut

		Étendue en hectares.
(1)	Terres labourables	17,355,663
	Jachères	6,763,281
	Vignes	1,972,340
	Châtaigneraies	455,386
	Oliviers	121,228
	Mûriers	41,276
	Vergers, pépinières, etc	766,577
	Prés, pâturages, pâtis, landes	14,331,671
	Bois de toutes sortes	8,804,550
	Terrains non compris dans le domaine agricole.	2,133,646
	Total général de la surface de la France...	52,768,618

Ces chiffres sont extraits de la statistique agricole de la France.

obtenir ce résultat qu'en introduisant dans les assolements la culture des plantes sarclées. Or, la betterave exigeant des sarclages rigoureux faits à la
main et des engrais considérables, elle améliore la
terre non-seulement par elle-même, mais par les
plantes analogues dont elle répand l'usage. C'est un
fait constant que le blé ensemencé après une récolte
de betterave produit un dixième de plus qu'après
toute autre culture. Il pèse davantage; aussi est-il
acheté ordinairement un vingt-cinquième en sus.
Enfin, partout où la betterave est en usage, la valeur
vénale des terres a augmenté considérablement, le
salaire des ouvriers a suivi la même marche ascen-
sionnelle, et l'aisance générale s'est accrue d'une
manière prodigieuse.

Il est vrai que les adversaires ont nié jusqu'aux
avantages les plus évidents qu'elle procure, lui re-
prochant dans leur aveugle ardeur tantôt *d'épuiser
la terre en exigeant une trop grande quantité d'engrais*
(page 8, *Vérité des faits,* par M. le baron Charles
Dupin), tantôt de vivre là *où l'agriculture est admirablement perfectionnée* (le même, page 5), tantôt pré-
tendant que cette culture n'apportera pas de grands
avantages, parce qu'elle se borne à 15 *ou* 20 *mille*

misérables hectares (page 43), tantôt enfin manifestant la crainte de voir la betterave envahir toutes les terres labourables et forcer la France d'avoir recours aux blés étrangers (1).

On voit que toutes ces objections s'annullent réciproquement, car si la betterave épuise la terre, l'agriculture des contrées où elle existe depuis trente ans ne devrait pas être *admirablement perfectionnée*, comme l'avance l'auteur de *la Vérité des faits*. Il est singulier de lui reprocher de ne pas se développer lorsqu'on emploie tout son génie à faire adopter les mesures qui doivent en arrêter le développement et l'empêcher de s'introduire dans les endroits où l'agriculture est encore arriérée, et après cela il n'est pas moins surprenant de prétendre que si on lui laissait l'essor qu'elle réclame elle envahirait tout le territoire.

D'ailleurs il n'est point exact de dire que 20,000 ou 26,000 hectares seuls sont améliorés par la culture : cette racine étant intercalée dans les assolements au moins triennaux, et la pratique de la cultiver continuellement sur le même terrain n'étant

(1) Rapport de M. Ducos, 14 mai 1837.

qu'un fait exceptionnel, il faut au moins tripler le nombre ci-dessus, et l'on a au moins soixante-dix-huit mille hectares qui profitent de la culture perfectionnée de la betterave.

Il n'est pas inutile de le remarquer, beaucoup d'autres productions importantes du sol français n'ont qu'une étendue limitée.

DÉSIGNATION des cultures.	NOMBRE D'HECTARES affectés à chaque culture.	VALEUR TOTALE de la production annuelle.	VALEUR par hectare.
Pommes de terre.	921,970	202.105,866	219
Chanvre.........	176,148	86.287,341	489
Oliviers........	121.228	22.776,598	187
Lin	98 241	57.507,216	585
Betteraves	57.661	28 979,449	502
Mûriers (cocons).	41.276	42,779,088	1,038
Garance........	14.676	9.343.349	636
Tabac..........	7,955	5,483,558	689

Ces chiffres, extraits de la statistique agricole publiée par le gouvernement, prouvent qu'une grande partie des terres ensemencées en betteraves servent non à la fabrication du sucre, mais à la nourriture des bestiaux. Il résulte aussi de l'examen de ces documents que si on détruisait la fabrication, il faudrait défendre tout ensemencement quelconque de la betterave, ce qui priverait le sol français d'un revenu annuel de 29 millions. Mais comme il se fabrique déjà une quantité assez notable de sucre de

pomme de terre, il faudrait aussi proscrire cette racine si utile pour les classes pauvres, ce qui est impossible.

Il est donc peu judicieux de parler avec mépris
d'une semblable culture, surtout lorsqu'on pense aux
immenses avantages que produirait son développement. En effet, sans diminuer en rien le produit
annuel des céréales, l'extension de la culture de la
betterave ferait disparaître une grande partie des jachères. Cette racine prendrait peut-être dans quelques
départements, comme cela est déjà arrivé dans le département du Nord, la place des colzas, des tabacs, etc.;
mais cette substitution rejetterait la culture de ces
plantes sarclées dans d'autres lieux où elles iraient
remplacer les jachères. L'illustre député de Bor-
deaux dont nous nous faisons à regret l'adversaire,
M. Ducos considère cette substitution comme pernicieuse, et dans son rapport à la Chambre des députés,
en 1839, il regrette que la betterave ait remplacé
dans le département du Nord le tabac, cette plante,
dit-il, *si précieuse et si enviée par la presque totalité
de nos provinces.* Or, M. Molroguier, dans son inté-
ressant ouvrage intitulé : *Examen de la question des
sucres,* fait très-bien observer que le plus bel éloge

de la betterave est de montrer sa culture préférée à
une plante aussi précieuse et aussi enviée que le
tabac.

Examinons quel serait pour la France l'avantage d'étendre la fabrication indigène dans le cas où
elle serait seule appelée dans l'avenir à fournir à la
consommation intérieure.

La France consomme 110 millions de sucre, ce qui
fait par tête 3 kilogrammes et un tiers; mais il est
clair que notre consommation augmentera encore
dans des proportions immenses. Deux causes tendent
à le prouver : l'une, c'est la marche croissante de la
consommation ; elle est aujourd'hui sept fois plus
grande qu'en 1816, elle a presque doublé seulement
depuis 1830. L'autre est l'exemple de l'Angleterre,
qui consomme 200 millions de kilogrammes de sucre,
ce qui fait 8 kilogrammes par individu. Nous n'ar-
riverons jamais, prétend-on, à ce taux énorme, parce
que le thé ou les boissons chaudes ne sont pas d'un
usage aussi général en France qu'en Angleterre.
Mais l'usage plus répandu du thé n'est pas, nous le
croyons, la cause principale de la grande consommation du sucre en Angleterre ; c'est l'aisance dont le
progrès amène toujours pour toutes espèces de pro-

duits une immense absorption. Comparez les habitudes individuelles de chaque peuple : en France, on consomme, sinon du thé, au moins une quantité d'autres boissons et mets sucrés dont les Anglais ne font jamais usage. Il est donc probable que si l'état de la France devenait de plus en plus prospère, et si les prix des sucres diminuaient graduellement, nous arriverions dans peu d'années à consommer la même quantité de sucre que les Anglais, c'est-à-dire pour trente-trois millions de Français 264 millions de kilogrammes.

Il faudrait près de 200,000 hectares pour produire cette quantité de sucre. Ils donneraient à l'agriculture un revenu annuel de 100 millions, et en supposant les assolements quadriennaux, 800,000 hectares profiteraient de la culture perfectionnée des plantes sarclées où les jachères auraient disparu. Cette production occuperait en outre six cent soixante mille ouvriers, qui jouiraient de l'aisance que procurent les travaux de l'agriculture, unis à ceux de l'industrie. Ainsi le gain serait immense, sans compter encore l'augmentation de la valeur des terres.

M. Lacave-Laplagne, ministre des finances, a

avancé à la Chambre des députés, le 23 mai 1837,
« qu'il ne considérait pas comme un avantage pour
» l'industrie agricole la plus value du loyer des terres,
» qui avait doublé et quelquefois quadruplé là où
» la betterave était cultivée. »

Or quelle est la cause de cette plus value du sol?
c'est évidemment un accroissement de fertilité ou un
accroissement d'activité commerciale, qui permet
l'emploi avantageux des produits de l'agriculture.
Cet accroissement de valeur est donc un vrai bénéfice, quoique dans ce cas comme dans tous les perfectionnements qui changent les positions respectives
des individus il y ait des souffrances particulières
et des inconvénients partiels.

M. le baron Charles Dupin, de son côté, nie un
autre fait tout aussi patent : c'est l'avantage qu'on
retire du résidu de la betterave pour engraisser les
bestiaux, et pour le prouver il rappelle que les importations de bétail sont de plus en plus grandes dans
le département du Nord (page 12, *Observations au
conseil d'agriculture*). Mais ce fait est très-naturel à
expliquer : la pulpe de la betterave est employée
avantageusement, non pour *élever* les bestiaux, mais
pour les *engraisser*, et cela surtout pendant l'hiver, où

manque le fourrage. Son action est semblable à celle de la drèche. Or, plus un pays se livre à la spéculation d'engraisser les bestiaux, plus naturellement les importations deviennent considérables. Mais il y a une autre considération qui peut expliquer aussi cet accroissement d'importation de bétail ; c'est que la population du département du Nord, qui est le siége principal de la fabrication indigène, s'est accrue depuis dix ans d'un quinzième (1) ; l'aisance a dû augmenter, et par conséquent aussi la consommation de la viande.

Le savant statisticien remarque avec raison que plus les procédés d'extraction du jus se perfectionnent, moins il reste dans le marc appauvri de quantité nutritive, et qu'ainsi moins la pulpe est profitable pour engraisser les bestiaux ; mais il faut bien le remarquer, ce qu'on perd d'un côté est gagné cent fois d'un autre. Si on parvenait à retirer mécaniquement et chimiquement tout le sucre qui se trouve dans la betterave, on aurait résolu le problème, et

(1) Recensement de 1827.......... 962,648
Id. de 1837.......... 1,026,417
Différence. 63,769

le sucre indigène pourrait supporter le même impôt que le sucre des colonies.

Enfin, pour diminuer l'importance de la culture de la betterave et pour relever celle des colonies, leur célèbre soutien s'écrie, dans ses *Observations exposées au conseil général d'agriculture*, page 9 : « On a parlé du sol exigu de nos quatre colonies. » Ce sol surpasse pourtant 12 millions d'hectares, » c'est-à-dire près du *quart* de la France, et *vingt-* » *une fois* le département du Nord. » Jugeons de la valeur de ces chiffres.

Nos quatre colonies sucrières n'ont que 164,513 hectares cultivés (1). Elles nourrisssent trois cent soixante-seize mille individus, dont trente-un mille blancs seulement. (Notes statistiques de la marine.) La France a sur 52 millions d'hectares, 27 millions d'hectares cultivés. Donc, l'importance des colonies sous le rapport agricole, au lieu d'être le *quart* de la France, est seulement le 1/164, et un peu moins de la *moitié* du département du Nord. Sous le rapport

(1) Dont 64,508 en sucre. (*Tableau statistique* publié par le ministre de la marine, 1839.)

La culture de la canne à sucre n'occupe dans nos quatre colonies, d'après M. Charles Dupin, que 94,568. Page 40, *Vérité des faits.*

de la population, l'importance des colonies est de 1/88 de la population de la France, et environ le 1/3 du département du Nord, et cela en comptant sur le même rang que la population libre du sol français les deux cent soixante-un mille trois cents esclaves de race africaine (1).

Ainsi, il résulte déjà de ce qui précède, que, considérée uniquement sous ses rapports agricoles et industriels, la fabrication du sucre indigène a pour la France une bien plus grande valeur que ses colonies.

INTÉRÊTS INDUSTRIELS, CARACTÈRE DE L'INDUSTRIE
MODERNE.

L'agriculture est le premier élément de la prospérité d'un pays, parce qu'elle repose sur des intérêts immuables et qu'elle forme la population saine, vigoureuse, morale des campagnes. L'industrie re-

____

(1) La population du département du Nord est de 1,026,349, sa surface est de 567,863 hectares dont 382,152 cultivés, non compris les bois, les pâtis, vergers, pépinières et les pâturages. (*Statistique agricole.*)

pose trop souvent sur des bases éphémères, et quoique sous certains rapports elle développe davantage les intelligences, elle a l'inconvénient de créer une population malingre qui a tous les défauts physiques provenant d'un travail malsain dans des lieux privés d'air, et les défauts moraux résultant de la misère et de l'agglomération d'hommes sur un petit espace.

La fabrication de sucre indigène, loin de participer à ces défauts, réunit en elle, au contraire, tous les avantages de l'agriculture et de l'industrie, et même, à notre avis, elle résout, sinon complétement, au moins en grande partie, un des problèmes les plus importants du jour, le bien-être des classes ouvrières. Quelques mots suffiront pour développer notre idée.

Autrefois il n'y avait, à proprement parler, qu'une seule espèce de propriété, la terre ; un petit nombre d'hommes la possédait ; les nobles s'en étaient emparés. Mais les progrès de la civilisation ont fait naître une autre espèce de propriété, l'industrie, plus dangereuse que la première, parce qu'elle peut être plus facilement accaparée.

Quelque tyrannique que fût le joug du propriétaire foncier, quelque vexatoires que fussent les dîmes et les servages, le seigneur féodal ne pouvait séquestrer complétement à son profit cette terre sur laquelle ses vassaux respiraient, marchaient, dormaient, et où du moins le soleil venait éclairer leur misère.

Mais l'industrie n'a besoin ni de jour ni d'espace. Dans un carré de quelques centaines de mètres de côté, au-dessus comme au-dessous du sol, le fabricant a tout un peuple de vassaux. Si ses spéculations échouent ou si sa fortune est faite, il renvoie ses ouvriers, et ceux-ci, sans abri, sans pain, sentent tout à coup la terre, cette mère commune, se dérober sous leurs pas.

Le fabricant n'a pas besoin, comme le seigneur féodal, de créneler son château, de parcourir armé de pied en cap ses vastes domaines pour maintenir l'obéissance et châtier ses sujets; il ferme la porte de ses ateliers, et le sort de plusieurs centaines d'individus est à sa merci.

L'aristocratie territoriale a été vaincue en France, la poudre a renversé ses donjons, et la révolution a dit au peuple : Cette terre que tu foules aux pieds, que tu arroses de tes sueurs, qui sans toi resterait inculte, prends-la, je te la donne. Le peuple se l'est partagée, et le sol n'en a été que plus fécond (1).

Mais comment combattre l'oppression d'une propriété qui n'est ni saisissable ni divisible? Dira-t-on au peuple d'attaquer les machines? chaque agresseur n'en retirerait que quelques livres de fer; ce serait une improductive et criminelle violence. Elément indispensable de la richesse des nations, l'industrie doit être étendue dans son action tout en étant limitée dans ses effets oppressifs. Il faut encourager son essor et protéger en même temps les bras qu'elle emploie. Un gouvernement seul peut résoudre en entier ce problème de l'organisation du travail, car seul il peut s'entourer de toutes les lumières et faire appel à toutes les intelligences. Cependant il est bon de méditer sur les exemples que nous offrent deux peuples commerçants, l'Angleterre et la Suisse.

La Grande-Bretagne, cette reine de l'industrie, occupe dans *quatre ou cinq villes* principales des mil-

(1) Il est vrai que le partage excessif des terres amène aussi de fâcheux résultats pour l'agriculture; mais c'est le sort commun à tous les changements d'institutions. Pour s'améliorer, elles se tranforment, et chaque transformation amène avec elle des avantages et des inconvénients.

liers d'ouvriers. Tant que les produits de leurs travaux s'écoulent facilement, tant que les fabricants prospèrent, les ouvriers ne souffrent pas ; mais qu'un événement quelconque ébranle le crédit, ferme les débouchés , ou qu'une production désordonnée amène la plénitude, et à l'instant des populations entières, comme nous en avons l'exemple aujourd'hui, sont en proie à toutes les angoisses de la misère et à toutes les horreurs de la faim ; le sol, nous le répétons, se dérobe littéralement sous leurs pieds ; ils n'ont plus ni feu, ni lieu, ni pain.

La Suisse présente un aspect différent : ce petit pays, qui, enfermé au milieu de l'Europe, entouré de douanes, aspire et exhale par terre les importations et les exportations de son industrie, est parvenu cependant à un degré prodigieux d'activité commerciale ; ses produits luttent dans toutes les parties du monde avec ceux de la Grande-Bretagne.

Il ressent donc comme tous les autres les crises qui suspendent momentanément le travail de ses manufactures ; mais la population ouvrière n'est jamais réduite à mourir de faim.

L'industrie en Suisse s'est répandue dans les campagnes au lieu de se réunir exclusivement dans les villes. Elle s'est disséminée sur toute la surface du pays, se fixant là où un cours d'eau, une route, un lac, favorisait son établissement. La conséquence de ce système a été d'habituer les classes agricoles à passer alternativement du travail des champs au travail des manufactures. En Suisse, même dans les villes, ce sont les habitants de la campagne qui viennent le matin dans les ateliers, et qui le soir retournent dans leurs villages. Aussi, lorsqu'une calamité vient affliger l'industrie, ils souffrent sans doute, mais ils retrouvent au moins dans les champs un abri et une occupation.

Eh bien! en France, la fabrication du sucre de betterave produit cet heureux effet. Elle retient les ouvriers dans les campagnes, les occupe dans les plus mauvais mois de l'année; elle répand dans la classe agricole les bonnes méthodes de culture, l'initie à la science industrielle, à la pratique des arts chimiques et mécaniques. Elle dissémine les centres de travail au lieu de les réunir sur un même point. Elle favorise donc les principes sur lesquels repose la bonne organisation des sociétés et la sécurité des gouvernements, car créer l'aisance c'est assurer l'ordre.

INTÉRÊTS MARITIMES ET COLONIAUX.

L'intérêt des colonies ne paraissant pas assez puissant pour émouvoir le pays contre la fabrication continentale, les adversaires de cette industrie invoquent les intérêts plus graves du commerce extérieur et de la marine marchande. Ils se complaisent surtout dans cette assertion que la navigation coloniale est la principale pépinière où se forment les bons marins, et qu'ainsi sacrifier les intérêts coloniaux c'est renoncer à tout jamais à la prépondérance de la France sur les mers.

Avant d'examiner la justesse de ce raisonnement, constatons d'abord l'état réel de nos relations coloniales.

Il résulte du premier examen des documents officiels (*voyez* Tableaux B et C) que toutes nos colonies ne sont pas dans le même état de malaise. Nos relations avec Bourbon et Cayenne sont toujours en voie de progrès. Pour la dernière période quinquennale de 1836 à 1840, l'augmentation du mouvement de la navigation a été de treize navires et de 7,328 tonneaux pour Bourbon, et de neuf navires et de

2,916 tonneaux pour Cayenne. Quant à nos importations et exportations, il y a eu dans leurs valeurs pendant la même époque une augmentation de 6,110,464 fr. pour Bourbon, et de 1,582,929 fr. pour Cayenne. On sait, en effet, que Bourbon surtout a accru immensément sa prospérité depuis quelques années. Saint-Denis et Saint-Paul, qui étaient naguère encore de véritables bourgs, sont aujourd'hui des villes de quatorze et de dix mille âmes. Il est même présumable que l'accroissement de cette île a nui par la concurrence de ses produits aux Antilles françaises, car son sol est plus fertile; elle jouit d'une plus grande liberté commerciale, et ses sucres sont soumis à un droit moins élevé que ceux des autres colonies (1). En 1838, elle a importé en France 26 millions de kilogrammes de sucre.

Ainsi, il reste bien avéré que lorsqu'on parle du malaise de nos colonies, il faut entendre par colonies la Martinique et la Guadeloupe seules.

(1) On donne pour raison de cette infériorité de tarif la distance de Bourbon ; mais il semble que la position plus avantageuse de cette île, la fertilité de son sol, son état prospère enfin, devraient être des raisons suffisantes pour soumettre ses produits aux mêmes droits que ceux des Antilles.

Mais prenons la question telle qu'on l'a présentée, en réunissant dans la même catégorie tous ces territoires, restes épars de notre grandeur coloniale.

On prétend que notre commerce décline journellement; cependant consultons les chiffres officiels (*voyez* Tableau B); la valeur des importations en France a diminué. Le tonnage total dans les cinq dernières années a baissé de 2,316 tonneaux, comparé au tonnage de la période quinquennale précédente; mais, d'un autre côté, les exportations des produits français ont toujours été en augmentant, et cela d'une manière sensible. Qu'on appelle donc cet état stationnaire, si l'on veut, mais qu'on ne dise pas qu'il y a une décadence rapide.

Pour savoir quel est l'effectif réel des navires et des équipages employés à la navigation de nos quatre colonies, nous avons eu recours aux données suivantes, publiées par le ministère de la marine (1). Elles sont faites dans les hypothèses les plus favorables aux colonies, car il en résulte, qu'en moyenne, chaque bâtiment ne fait par an que deux voyages et demi, c'est-à-dire une traversée pour aller, une pour

(1) Appendice des Notices statistiques sur les Colonies françaises, 1840.

revenir et la moitié d'une autre traversée. Déduction faite des doubles voyages exécutés à la même colonie ou aux colonies diverses par les mêmes navires, on trouve :

				Marins.
qu'en 1836 il y a eu 702 arrivées et départs exécutés par	323	bâtiments montés par		4,408
1837	687		272	3,837
1838	772		306	4,179

La moyenne de ces résultats donne pour le nombre effectif des bâtiments employés 300, et le nombre des marins 4,174. Mais comme ces navires nous apportent du café, du bois de teinture, des liqueurs, du coton, du cuivre, du cacao, de l'indigo, etc., il est clair que le transport du sucre emploie seul un nombre inférieur de navires et d'équipages.

Or, il y a annuellement, en moyenne, 32,637 marins embarqués, tant pour les voyages au long cours que pour le cabotage; le commerce de nos colonies sucrières n'emploie donc que le huitième des marins naviguant tous les ans, et le vingt-troisième de l'inscription maritime (1).

M. le baron Charles Dupin prétend, il est vrai, que la navigation coloniale est celle qui forme les meilleurs marins, le cabotage, suivant lui, n'habituant

____

(1) Qui était pour 1840 de 96,709 hommes.

pas assez aux dangers de la mer. Nous ne nous permettrions pas de réfuter l'opinion d'un homme aussi compétent à juger de semblables matières, si nous ne savions que l'Angleterre, puissance autrement maritime que la France, tire ses meilleurs marins militaires du cabotage établi entre Londres et le Northumberland pour approvisionner de houille la capitale britannique; et c'est pour laisser à la marine ce pénible apprentissage, que l'exploitation des mines de charbon de terre est expressément interdite jusqu'à une certaine distance de Londres.

Certes, une navigation qui emploie quatre mille marins mérite toute la sollicitude du gouvernement; mais dire que sans elle la France doit renoncer à être puissance maritime, c'est montrer qu'on veut défendre des intérêts privés sous le masque d'intérêts généraux. Plusieurs faits prouvent clairement, au contraire, que les colonies ont été plutôt jusqu'à présent une des causes qui ont maintenu l'infériorité de notre marine, et que le monopole dont elles ont joui et qui les étouffe maintenant, au lieu de développer nos relations maritimes, les a renfermées dans des limites restreintes. En effet, depuis que dure l'état de malaise de nos colonies, et qu'ainsi leur commerce offre moins de chances de bénéfice aux armateurs, *la navigation générale* de la France a augmenté dans une immense proportion ; d'après les documents publiés par l'administration des douanes, le tonnage représentant le mouvement de la navigation générale de la France a augmenté de plus d'un million de tonneaux depuis cinq ans : voyez le tableau B ; et en prenant pour terme de comparaison 1835 et 1840, l'augmentation sur l'ensemble du mouvement de la navigation de concurrence est de 59 pour cent. L'inscription maritime, elle aussi, a augmenté dans la même proportion, savoir :

1836................................ 90,511 hommes.
1837................................ 92,930
1838................................ 91,320
1839................................ 95,009
1840................................ 96,709 (1).

Il résulte de cet examen, que l'activité de la navigation de concurrence est en raison inverse de l'ac-

(1) M. Thiers, dans son discours à la Chambre des députés, séance du 8 mai 1830, dit que l'inscription maritime est de 110,000, parce que l'on peut ajouter au chiffre ci-dessus le nombre de 10,000 hommes, pris tant parmi les pêcheurs étrangers fixés depuis longues années dans nos ports que parmi les ouvriers inscrits.

tivité de la navigation réservée, et on peut avancer que les intérêts généraux de la marine sont en opposition avec les intérêts coloniaux, puisque plus ceux-ci souffrent, plus les autres augmentent. L'exemple de l'Amérique du Nord est une autre preuve non moins frappante que les colonies ne sont pas le seul élément de la navigation, car cette jeune république est arrivée, sans colonies, à avoir une inscription maritime de cent quatre-vingt mille hommes (Rapport de M. Ducos, 1839), tandis que l'Angleterre ne présente un effectif que de cent vingt mille marins. Si les États-Unis avaient possédé les vastes et riches colonies de l'Angleterre, ils seraient peut-être parvenus à un plus haut degré de prospérité commerciale ; mais nous sommes persuadés que s'ils avaient eu au milieu de l'Océan deux ou trois îles sur lesquelles ils eussent compté comme sur les seuls moyens de développer leur navigation, ils fussent toujours restés dans un état stationnaire. Il leur serait arrivé ce qui nous arrive depuis vingt-six ans ; ils eussent, à l'abri de droits prohibitifs, surexcité la production de leurs colonies, créé une prospérité factice, à laquelle ils eussent attaché d'autant plus de prix qu'elle eût alimenté une navigation privilégiée

qui, sans crainte de rivalité, fût restée sans perfectionnement, et qui eût préféré des bénéfices certains
et faciles sur un théâtre restreint aux chances
qu'offre la navigation du monde, où les dangers sont
en raison du gain, comme les progrès en raison de
la concurrence. Nul doute que dans leur congrès les
Américains n'eussent eu de grands statisticiens qui,
égarés par le noble désir de défendre les intérêts
locaux dont ils sont les représentants, fussent venus
étaler complaisamment, avec tout l'ascendant de la
science et l'influence de l'éloquence, l'avantage de
ces malheureuses îles ; mais si leur avis eût triomphé,
la navigation américaine fût restée dans l'enfance,
au lieu d'embrasser l'univers et de parcourir les
mers, comme les rivaux les plus dangereux de la
puissante Albion.

Sous le même rapport il importe de réfuter un
autre calcul des délégués des ports de mer.

Les négociants du Havre ont adressé, en octobre
1841, une pétition au ministère de la marine où ils
s'expriment ainsi : « La France consomme environ
» 125 millions de kilogrammes de sucre ; les colo-
» nies en fournissent 80 millions ; il reste donc 45
» millions de kilogrammes à fournir pour compléter

» la consommation. Si le sucre de betterave n'exis-
» tait pas, nous aurions 45 millions de kilogrammes
» de sucre étranger à importer annuellement en
» France, ce qui donnerait à notre *navigation décli-*
» *nante* un nouvel aliment de 45 mille tonneaux. »

Ce calcul n'est pas exact (1). La suppression du sucre indigène doit avoir pour premier effet, suivant l'aveu des négociants eux-mêmes, de faire monter les prix des sucres. Or, tout le monde sait que la consommation d'une denrée diminue dès que le prix augmente. Ainsi il est probable qu'au lieu de 45 mille tonneaux ils n'en auraient que 30 à 20 mille à transporter. Mais admettons ce chiffre de 45 mille, ce tonnage rentrerait dans la navigation de concurrence où notre marine est dans une grande infériorité. Malgré les progrès qu'elle a faits dernièrement, on voit, d'après les documents officiels de la douane de 1840, que pour un même tonnage, 67 pour cent appartiennent aux étrangers et 33 pour cent appartiennent au pavillon français (2). Dès lors

(1) D'ailleurs la France ne consomme que 110 milliers de kil. de sucre.

(2) En prenant la moyenne de dix annnées, de 1830 à 1840, sur

sur 45 mille tonneaux de sucre la marine marchande française n'aurait que 14,850 tonneaux à transporter. Pour remédier à cet inconvénient le gouvernement protége, il est vrai, la navigation française en mettant un droit moins élevé sur certains produits importés par navires français, et notamment sur les sucres. Supposons que cette protection double les proportions ordinaires, la marine française aurait donc 29,700 tonneaux à transporter, qui, divisés par 230, qui est le tonnage moyen, donneraient 128 arrivées ; et comme les sept huitièmes viendraient de Cuba et de Porto-Rico et feraient environ deux traversées et demie par an, on aurait 102 navires montés par 1,326 marins. Voilà dans les hypothèses les plus favorables tout l'accroissement que retirerait notre marine et notre commerce de la suppression du sucre indigène.

1,987,000 tonneaux arrivés dans les ports français, 1,327,000 y sont venus sous pavillon étranger, et 660,000 sous pavillon français.

INTÉRÊTS DU TRÉSOR.

Les reproches qu'on a adressés à la fabrication du sucre indigène comme diminuant les recettes du trésor ne sont pas plus fondés que les autres. Il suffit en effet de jeter les yeux sur les chiffres officiels pour voir que les bénéfices du trésor sur l'importation des sucres ont toujours été en augmentant depuis quinze ans, et en comparant les recettes des cinq dernières années antérieures à 1840 avec la période précédente, on voit que les bénéfices du trésor ont surpassé de 2 millions (voy. Tableau A); mais il faut encore ajouter à cette somme les droits perçus sur la fabrication du sucre indigène depuis 1838, et qui se sont élevés à 8,638,220 jusqu'en 1840.

Les bénéfices du trésor durant les cinq dernières années se sont donc accrus de près de 4 millions.

Avouons-le, il n'est pas possible de dire d'une telle situation que le trésor éprouve des pertes toujours croissantes. D'ailleurs le fisc retire encore de la fabrication indigène des profits qui n'en sont pas

moins réels, quoiqu'ils soient d'une appréciation difficile, comme, par exemple, l'augmentation des impôts indirects, les droits de successions et de muta-
tions sur les biens ruraux, les patentes, les portes
et fenêtres, perceptions qui augmentent en proportion de la prospérité des départements. Il faut encore
ajouter les droits de navigation pour les transports
des sucres et des charbons par les canaux, et les
droits que payent aux douanes les houilles qui viennent en grande partie de la Belgique ou de l'Angleterre. Le calcul des négociants du Havre est plus
sincère, car ils s'expriment ainsi : « Si le sucre
» étranger était appelé à fournir l'excédant de la
» consommation, il en résulterait pour le trésor le
» gain suivant :

» 45 millions de kilogrammes de sucres étrangers,
» même à un droit réduit de 60 fr. 50 c., produi-
» raient au trésor 27,225,000 fr., tandis que 45 mil-
» lions de sucre de betterave ne produisent que
» 12,375,000 fr. ; la différence donc au profit du
» trésor serait de 14,850,000 fr. »

Ce calcul n'est pas exact. La France ne consomme
que 110 millions de kilogr., les colonies en fournissent 80 millions, il ne reste donc que 30 millions

pour compléter l'approvisionnement. Ces 30 millions,
à 60 fr. 50 c., donneraient. . . . 18,150,000 fr.

La même quantité en sucre de
betterave à 27 fr. 50 c. les 100 kil.
donnerait. . . . . 8,250,000 fr.

Resterait donc comme profit du
trésor. . . . . 9,900,000 fr.

Or, comme les droits indirects dont nous avons
parlé tout à l'heure se monteraient au moins à 2 ou
3 millions, le profit du trésor sur l'entrée des sucres
étrangers ne serait donc tout au plus que de 7 à 8
millions.

Mais si les restrictions ci-dessus ont été tant soit
peu exagérées, la question y est au moins présentée sous son véritable jour, c'est-à-dire : « Le
» trésor n'est pas en perte, *au contraire*, et il
» gagnerait davantage si le sucre étranger remplaçait
» le sucre de betterave. » A ce compte, pourquoi ne
pas aussi sacrifier le sucre des colonies au sucre
étranger ? le trésor aurait un bénéfice encore plus
considérable. Pourquoi mettre un droit différentiel
sur les sucres venant par bâtiments français ? Le
trésor gagnerait bien plus à l'importation par navires étrangers. Pourquoi, en un mot, ne pas aban-

donner toutes nos industries ? le trésor, sans aucun doute, y gagnerait ; mais la France descendrait sous le rapport des intérêts matériels comme elle est déjà déchue sous le rapport politique ; elle perdrait à la fois sa prospérité et son indépendance.

Nous avons réfuté les assertions des antagonistes de la betterave, en leur opposant non des arguments subtils, mais des chiffres officiels. Résumons-les en peu de mots : « M. le baron Charles Dupin avance » *que les colonies ont une étendue égale au quart de la* » *France.* » En ôtant les terrains improductifs des deux pays comparés, les terres cultivées de nos quatre colonies sont le 1/164ᵉ de la France.

L'amiral Duperré a dit aux Chambres *que les colonies employaient quinze mille marins* ; les chiffres publiés par le ministère de la marine prouvent que nos quatre colonies sucrières n'emploient que quatre mille marins.

M. Ducos, dans son rapport du 2 juillet 1839, dit *que notre commerce et notre navigation marchande ont perdu leur débouché et leur élément de transport.* (Voir le Tableau B.) Le tonnage, représentant le mouvement général de la France, a augmenté dans la dernière période quinquennale de 1836 à 1840 de un

million soixante mille tonneaux. Il ajoute : *Nos manufactures sont frappées dans nos exportations ;* la valeur de nos exportations par les colonies a augmenté dans la dernière période quinquennale de
7,963,697 fr. *Le trésor voit ses recettes s'amoindrir ;*
les recettes du trésor se sont accrues dans la dernière période quinquennale de 3,721,524 fr. *Notre
flotte est menacée de perdre ses marins* (1), et l'inscription maritime dépassait de 6,198 hommes en 1840
le recensement de 1836.

Nous le demandons à nos lecteurs, est-il possible
de contredire plus ouvertement l'évidence des faits ?

Or, si des hommes aussi consciencieux et aussi
honorables que MM. Duperré, Dupin et Ducos, tom-
bent eux-mêmes dans de semblables exagérations,
quelle foi peut-on ajouter aux reproches adressés
à la fabrication indigène par les autres organes des
intérêts coloniaux ?

Lorsqu'on est obligé, pour la défense d'une cause
quelconque, d'altérer la vérité, c'est une preuve évidente qu'on ne peut ni tout avouer ni présenter les

(1) Toutes les phrases soulignées sont les propres paroles de M. Ducos
dans son rapport du 2 juillet 1839, p. 9.

choses telles qu'elles sont. Or, dans cette question tout le monde n'ose pas avouer que l'intérêt des colonies n'est qu'un prétexte, et que si les Chambres n'arrêtent pas court la marche suivie jusqu'ici, la ruine des colonies doit suivre de près la suppression de la fabrication indigène pour laisser le champ libre aux sucres étrangers (1).

INTÉRÊTS DES CONSOMMATEURS.

Les apôtres de la liberté illimitée du commerce ont admis comme principe cet axiome : *A chaque pays son produit naturel.*

Or, la betterave ne contenant que 10 pour 100 de matière saccharine, tandis que la canne à sucre en contient 21 pour 100, ils proscrivent impitoyablement cette première racine. Si ces principes recevaient leur application immédiate, nous verrions la ruine de toutes nos industries, et des populations entières mourraient de faim ; mais il est un fait im-

(1) M. Duvergier de Hauranne et M. Wurstemberg ont dit en 1840 :
« Nous aimons mieux le sucre des colonies que le sucre de betterave ;
mais nous aimons mieux le *sucre étranger* que le sucre des colonies. »
(*Moniteur* du 9 mai 1840.)

portant : un hectare planté en betterave rapporte en moyenne 1,500 à 1,600 kilogr. de sucre brut (1), tandis qu'un hectare planté en canne à sucre ne produit dans nos colonies que 1,400 kilogrammes. (Voyez *Vérité des faits,* par Charles Dupin, page 31 (2).) Ainsi donc, à surface égale, un hectare de betterave donne en sucre 100 kilogrammes de plus que s'il était planté en cannes. Cette production est donc tout aussi naturelle que l'autre, et si le prix du sucre à impôts égaux est encore plus élevé, c'est que les procédés d'extraction ne sont pas encore arrivés au dernier degré de perfectionnement, et que la main d'œuvre est plus chère en France que le travail de l'esclave. Le but évident auquel tendent les partisans de la liberté commerciale est de procurer le bien-être de la majorité des consommateurs en faisant baisser le prix de tous les produits de première nécessité. C'est dans ce but qu'ils ont vanté les ma-

(1) On dit souvent qu'un hectare produit 2000 kil. et plus de sucre brut; mais c'est un fait isolé et non général. Ce fait résulte au moins des comparaisons faites sur des documents officiels.

(2) Les chiffres ci-joints sont les moyennes de trois, quatre ou de cinq années, de 1832 à 1836; ils prouvent également combien le rendement par hectare est limité.

chines dont le résultat immédiat a été la baisse des valeurs des objets fabriqués.

Tout en reconnaissant l'avantage de certaines libertés pour les objets de nécessité première, il faut convenir que l'intérêt des consommateurs n'est pas toujours l'intérêt général; car, par exemple, il est dans l'intérêt de la société entière de prélever certains impôts, quoique ceux-ci soient un fardeau pour tous.

Supposons, par exemple, qu'en abaissant encore la surtaxe sur les sucres étrangers, on fît tomber le prix actuel de 10 francs par 50 kilogrammes, quels en seraient les résultats en portant à 110 millions la con-

(Suite de la note 2, p. 64.)

	HECTARES en culture.	SUCRE brut, nombre de kilogrammes.	NOMBRE de kilogram. de sucre par hectare.
La Guadeloupe, ...	24,810	37,436,472	1,509
La Martinique.	21,179	29,258,718	1,381
Ile Bourbon.	14,530	21,793,140	1,500
Guyanne française.	1,571	2,120,119	1,349
	62,090	90,608,447	

Moyenne de sucre produit par hectare . . . . 1,489.

M. Ducos, dans son rapport, p. 10, dit que le rendement de chaque hectare est de 2,500 kil. de sucre à la Martinique, de 3,000 à la Guadeloupe, de 4.000 à 4,500 à Bourbon. Si on admettait les chiffres ci-dessus, les 61,091 hectares consacrés à la culture du sucre dans nos quatre colonies rapporteraient 199 millions de sucre!

sommation intérieure de la France? cette baisse de 20 centimes par kilogramme serait un bénéfice pour les consommateurs de 22 millions ou 67 centimes environ par individu : or, ce gain compenserait-il la ruine d'une industrie qui fait vivre cent mille familles, qui enrichit sept départements, qui donne un mouvement d'argent de 100 millions?

Le premier intérêt d'un pays ne consiste pas dans le bon marché des objets manufacturiers, mais dans l'alimentation du travail. Créer le plus d'activité possible, employer tous les bras oisifs, tel doit être le premier soin d'un gouvernement; enfin il ne s'agit pas aujourd'hui de faire baisser le prix des sucres, mais au contraire de le faire monter; dans ce cas l'intérêt des consommateurs est encore lié à l'existence de la betterave.

D'après ce qui précède, l'intérêt de l'agriculture, de l'industrie, de la navigation de concurrence, l'intérêt des consommateurs, et même l'intérêt des colonies, militent en faveur du maintien de la fabrication continentale. Le commerce extérieur seul et le trésor trouveraient un avantage dans la suppression. Il s'agit donc de savoir quels sont les intérêts qui ont le plus d'importance pour la prospérité générale de la France. Or, l'empereur Napoléon a fait la classification suivante, qui montre les bases sur lesquelles l'économie politique de la France doit être fondée.

L'agriculture est la base et la force de la prospérité du pays.

L'industrie est l'aisance, le bonheur de la population.

Le commerce extérieur, la surabondance, le bon emploi des deux autres.

Celui-ci est fait pour les deux autres, les deux autres ne sont pas faits pour lui. Les intérêts de ces trois bases essentielles sont divergents, souvent opposés.

Cette classification si claire indique quelle est pour la France l'importance des intérêts qui se rattachent à ces trois grands éléments de la prospérité des peuples.

L'agriculture et l'industrie étant les deux *causes* de vitalité, tandis que le commerce extérieur n'en est que *l'effet,* un gouvernement sage ne doit jamais sacrifier les intérêts majeurs des premiers aux intérêts secondaires des derniers.

On peut donc admettre en principe que la fabrication du sucre de betterave, source de richesse pour l'agriculture et l'industrie, ne doit pas être sacrifiée à un intérêt commercial. Surtout elle ne doit pas l'être à un intérêt fiscal ; car en lésant ces principes, on subirait le sort de l'Espagne, qui a déchu de l'empire du monde parce qu'elle a abandonné son agriculture et son industrie pour son commerce. On ferait descendre la France au rang de ces états américains où l'agriculture est dans l'enfance, où l'industrie est nulle, et où le commerce extérieur est la seule source de richesse, les droits de douane les seuls revenus du trésor.

CHAPITRE III.

DROITS ET AVENIR DES DEUX INDUSTRIES.

Il ne suffit pas d'avoir énuméré les intérêts généraux et particuliers qui se rattachent à l'industrie sucrière continentale, il faut aussi repousser les attaques dont elle est l'objet, en rappelant les droits réels qu'elle peut invoquer à juste titre.

Pour créer l'industrie il faut la science qui invente, l'intelligence qui applique, les capitaux qui fondent, les droits de douane qui protégent jusqu'au développement complet. C'est par l'heureux effet de semblables mesures que l'Angleterre est arrivée à

un degré prodigieux d'activité industrielle, et la
France aussi est redevable à ce système de la plupart
de nos industries ; car c'est en poussant la science
aux découvertes par l'appât de primes élevées,
en suppléant à la rareté des capitaux par des avan-
ces considérables, en frappant de droits prohibitifs
les produits étrangers, que l'empereur Napoléon
dota la France du filage de coton, de la fabrication
du casimir, de la garance, du pastel ; imprima l'élan
à la découverte du filage du lin à la mécanique, et
donna un immense essor aux forges, aux fabriques
de tissus de soie, de laine et de coton.

La fabrication du sucre de betterave, qui devait
également la vie à ce système protecteur, s'était
promptement développée, et à la fin de la restauration il lui suffisait de quelques années encore de liberté pour arriver à ce dernier degré de perfectionnement qui lui permît de lutter à armes égales avec les
produits des tropiques. La protection ne devait pas
être illimitée, il était même naturel qu'elle diminuât
en proportion des perfectionnements ; mais il était
souverainement injuste de grever tout à coup la fabrication indigène d'un impôt pesant. M. Matthieu
de Dombasle le remarque avec raison : « C'est un

» principe de politique financière observé partout de
» n'imposer que les industries déjà anciennes, dont
» les produits et le développement ont déjà pu être
» fixés par l'expérience, et de donner le temps aux
» fabricants d'amortir par de justes bénéfices le ca-
» pital qui représente leur première mise de fonds,
» leurs essais et leurs pertes. »

Pour légitimer la brutale transition d'un régime de protection à un régime vexatoire d'impôts, on prétendit que l'existence de la betterave empêchait le gouvernement de remplir envers les colonies le *pacte* auquel la métropole s'était engagée : tant il est vrai que même dans les questions d'intérêts maté-riels le droit est la première raison invoquée.

Mais il n'y a de pacte que d'égal à égal. Les colonies ont été établies dans l'intérêt de la métropole, afin de lui fournir les denrées que son sol ne pouvait produire, et même afin de les lui fournir à meilleur marché que les étrangers. Elles existent donc d'après des vues exclusives, égoïstes ; la métropole a bien entendu se créer une nouvelle source de richesse, mais non des rivaux dangereux pour ses produits conti-nentaux. Cela est si vrai, que dès l'origine on a pro-hibé l'entrée des produits coloniaux tant soit peu

similaires, tels que les rhums et les taffias qui pou-
vaient nuire par leur concurrence aux produits spi-
ritueux de la métropole ; et si récemment on les a
admis sur le marché français, c'est en les chargeant
d'un droit énorme.

Ainsi, dès que le sucre est devenu un produit du
sol français, il a dû jouir de la protection et des
avantages accordés à toutes les denrées continentales
sur les denrées coloniales ; droit inviolable et jusqu'ici hors de question. D'ailleurs, dès que les colonies fournissaient cette denrée à un prix plus élevé
que les étrangers, la condition même de leur établissement n'était plus accomplie.

On a dit, pour justifier l'idée barbare de supprimer la fabrication indigène : Le gouvernement, qui
dans un intérêt fiscal s'est emparé de la ferme des
tabacs, peut bien aussi, d'après le même principe,
anéantir le sucre de betterave. Le raisonnement n'est
pas exact : le gouvernement, tout en s'emparant du
monopole du tabac, n'a pas violé le droit du territoire en le frappant de stérilité au profit d'un produit
tropical, il l'a simplement restreint ; il n'a pas privé
le sol d'une de ses plus riches cultures, il s'en est fait
le seul propriétaire.

Si le gouvernement s'adjugeait le monopole du sucre indigène afin d'en régler la production suivant les besoins de la consommation, comme il le fait pour les tabacs, nous n'approuverions pas cette mesure; mais elle ne serait cependant ni contre le droit général ni aussi pernicieuse que la suppression totale; car l'agriculture ne perdrait pas une de ses plus riches cultures et l'industrie une de ses plus belles conquêtes.

Au nom de la justice s'élève une autre considération d'un ordre supérieur, celle des droits acquis par trente années d'efforts, par d'immenses succès, par des progrès croissant tous les jours.

Une industrie qui peut invoquer également le passé et l'avenir a le droit et la force d'être conservée, car le droit et la force des choses de ce monde se calculent d'après leur durée. Tuer ce qui doit vivre est un plaisir barbare, contraire aux lois de la nature. C'est un crime et une faute.

Démontrons maintenant quel peut être l'avenir de la fabrication indigène, en énumérant les principales améliorations qu'elle a successivement subies.

Suivre la marche du progrès, marquer le point où il se trouve aujourd'hui, mais en même temps montrer qu'il est loin de toucher à son terme, que les procédés et les systèmes varient tous les jours, c'est fournir la double preuve des lacunes à combler et des grands perfectionnements à conquérir.

La betterave se lave, se râpe, la pulpe se presse, le jus s'écoule dans une première chaudière, s'y défècte, c'est-à-dire qu'il se sépare de toutes les matières étrangères et insolubles que le sucre de betterave tient en suspension, et d'une partie de celles qui y sont dissoutes. Il passe successivement à travers des filtres et dans les vaisseaux d'évaporation, où il s'épure et se concentre. Il est porté dans sa chaudière de cuite, où il se condense ; de là, dans le rafraîchissoir, et enfin dans les formes, où il se cristallise et se purifie par l'égouttage et par le clairçage, opération qui consiste à verser à travers les interstices du sucre, déjà cristallisé, un sirop très-décoloré qui chasse devant lui le sirop très-coloré qu'il y rencontre. Enfin la dernière opération s'appelle le lochage, c'est-à-dire qu'on extrait des formes le sucre pour le livrer au commerce.

Examinons les progrès qu'ont subis les divers procédés.

NETTOYAGE. Les racines se lavaient autrefois à la

main, ce qui était très-onéreux; aujourd'hui cette opération s'exécute dans un cylindre à claire-voie, appelé le laveur de M. Champonnois, dont l'axe est au niveau d'une caisse pleine d'eau, et auquel on imprime un mouvement de rotation.

RÂPAGE. Le suc de la betterave est renfermé dans des espèces de vaisseaux appelés utricules. Pour l'extraire il faut déchirer ces utricules. On se contentait autrefois d'une râpe plane, aujourd'hui on a des râpes adaptées sur la périphérie d'un cylindre, qui faisait dans le principe six à huits cents révolutions par minute, et qui maintenant en fait jusqu'à mille à douze cents.

PRESSION. La pulpe, renfermée dans des sacs, est soumise à une forte pression; ces sacs, autrefois en toile, sont maintenant en laine, et cette simple substitution a facilité singulièrement l'opération. A la presse continue à double effet de M. Isnard ont succédé les presses à vis, à coin, à balancier, à percussion, auxquelles a succédé à son tour la presse hydraulique, qui est d'un immense effet. Remarquons ici que, malgré les perfectionnements qu'ont subis ces trois premiers procédés, les moyens de rasion et de pression sont encore si loin d'un perfectionne-

ment complet, que M. A. Baudimont, professeur
de l'école pratique des mines et des arts, prétend dans
sa brochure sur la fabrication du sucre, page 40,
qu'en râpant des betteraves à la main, avec une
râpe ordinaire à sucre, et en les exprimant dans un
linge par la torsion, on en obtient plus de sucre que
par la râpe de Burette et l'immense action des presses hydrauliques. Aussi M. Matthieu de Dombasle
a-t-il inventé un système qui simplifierait les deux
dernières opérations, et qui consiste à couper les
betteraves en tranches très-minces, et à les laisser
macérer dans l'eau bouillante. Mais il paraît que ce
procédé éprouve encore quelques difficultés d'exécu-
tion.

Défécation. Elle s'opérait autrefois au moyen
d'une combinaison d'acide sulfurique de chaux et
de sang, opération difficile à laquelle on est parvenu
à substituer la chaux seule, à cause de l'emploi du
noir animal; on cherche maintenant si l'acide sul-
fureux, le tannin provenant d'une infusion de noix
de galle, ne remplacerait pas avantageusement la
chaux.

Filtrage. Cette opération, qui a lieu plusieurs
fois pendant la fabrication, a été très-perfectionnée.

Au filtre simple on a substitué le filtre de Taylor, qui offre une immense surface filtrante dans un petit espace ; ensuite M. Dumont a employé le charbon animal en grain comme matière filtrante, ce qui réunit en une les deux opérations de la filtration et de l'action décolorante du charbon. En dernier lieu sont venus les filtres à charge permanente et à fonction continue de Peyron.

CLARIFICATION. Elle a lieu avec du sang lorsque le filtrage sur le noir en grain n'a pas suffi. On a trouvé le moyen de revivifier, après s'en être servi, le charbon animal qu'on emploie en grande quantité pour décolorer le sirop, et c'est cette invention qui en a permis l'usage en en restreignant la consommation.

CUITE. Après la dernière filtration, on procède à la cuite, dont le but est de donner au sirop le dernier degré de concentration. Avant 1810 on ne connaissait que le procédé d'Achard, la cristallisation lente dans des vases plats disposés dans une étuve. La cuite au feu lui a succédé ; à celle-ci, la cuite à la vapeur dans des chaudières dont la forme et la construction ont successivement éprouvé de nombreuses variations. Puis enfin sont venus les appareils de Howard, de Drosne, de Roth, de Degrand, destinés à opérer la cuite à une basse pression, en raréfiant l'air dans les chaudières, ce qui économise le combustible.

Empli. Après la cuite, le sirop est versé dans des formes et abandonné à la cristallisation. Ces formes étaient autrefois en terre cuite ; on y a substitué les formes en zinc, parce qu'elles ont l'avantage de ne point adhérer si fortement au sucre et qu'elles se cassent moins facilement.

Comme complément de toutes les améliorations introduites, il ne faut pas oublier que dans le nord de la France le moteur de tous ces établissements est la vapeur, qui sert à la fois à chauffer, à mouvoir le laveur, la râpe, les presses, et quelquefois même les pompes.

C'est donc grâce à tous les efforts réunis de la chimie, de la mécanique, des arts et des sciences, que les fabricants sont parvenus à donner un développement immense à leur industrie, quoique le prix du sucre, qui était sous l'Empire à 9 fr. le kilogramme, fût tombé à 1 fr. 10 c. ; quoique alors protégé et encouragé, il a aujourd'hui à supporter un impôt de 27 fr. par 100 kilogrammes.

Ce qui fait par 100 kilogrammes une différence, au détriment des fabricants, de 807 francs !

En présence de pareils faits, des éloges réservés aux colons exclusivement n'inspirent-ils pas un sentiment douloureux ? Un homme qui a tant de supériorité dans l'esprit et tant de nationalité dans le cœur, M. le baron Charles Dupin, devrait-il ne ressentir d'enthousiasme que pour eux, et s'écrier comme si les autres n'avaient rien fait : Les colons sont parvenus en vingt ans à sextupler leurs produits ! Or, sans porter le blâme sur personne, nous préférons garder notre admiration pour les succès que nous avons enregistrés ; ils ont été obtenus par les efforts persévérants du génie humain, tandis que les autres sont dus uniquement à la sueur de l'esclave.

D'après ce qui précède, dans un avenir plus ou moins éloigné, il est facile de s'en convaincre, le sucre indigène pourra supporter l'égalité d'impôt. Les délégués des colonies et des ports de mer l'ont déjà proposé, parce qu'ils savent que, dans l'état actuel, le sucre de betterave ne pourrait pas la supporter et succomberait ; il nous suffit aujourd'hui de prendre acte de cette proposition, comme constatant tous les droits que possède la fabrication indigène.

En effet, supposons celle-ci capable de supporter la concurrence qu'on lui offre, sa proximité des lieux de consommation lui donnerait toujours l'avantage sur le marché, et elle serait comme aujourd'hui un rival dangereux pour les colonies ; elle produirait donc les mêmes perturbations qu'on lui reproche, et cependant ses adversaires reconnaissent qu'alors ils n'auraient plus le droit de lui contester son existence. Ils ne l'ont pas davantage aujourd'hui. N'avouent-ils pas eux-mêmes que quelques simplifications dans les procédés anéantiraient ce qu'ils appellent avec emphase le pacte colonial et les intérêts majeurs des ports de mer et de la marine ?

Si l'avenir de l'industrie sucrière continentale nous apparaît sous les plus brillantes couleurs, il n'en est pas de même des colonies, dont l'existence semble menacée par l'émancipation des esclaves. L'exemple des Antilles anglaises prouve que si l'é-mancipation ne détruit pas entièrement la prospé-rité de ces îles, elle diminue dans une immense pro-portion la production du sucre. C'est un fait avéré et reconnu par tout le monde, que l'esclave affranchi préfère la culture du café et des autres denrées colo-niales à la culture fatigante et pénible de la canne à sucre.

Ainsi, d'après l'impulsion donnée par les hommes

du pouvoir, il est dans le cours naturel des choses, que le *Gouvernement, après avoir indemnisé les fabricants français, afin qu'ils ne produisissent plus de sucre de betterave, soit amené à indemniser à leur tour les propriétaires des colonies, afin qu'ils ne puissent plus produire de sucre de canne !*

Dans les Chambres on a répondu d'avance à cette objection par ce singulier argument. On a dit : C'est justement parce que l'émancipation inévitable des nègres doit amener une grande perturbation dans les colonies qu'il faut améliorer la position des colons en supprimant le sucre indigène, et les mettre plus en état de supporter la crise qui les menace. Ce qui équivaut à dire : L'émancipation des nègres doit ruiner les colonies ? Eh bien, *engraissez-les avant de les tuer*, engraissez-les surtout avec les débris d'une industrie florissante. Ce raisonnement est un véritable sophisme ; il est d'autant moins logique, que d'après ce qui précède, la suppression de la betterave n'arrêterait pas la décadence des colonies.

Dernière considération d'un ordre élevé, en faveur du sucre indigène, et qui équivaut à un droit : l'indépendance. Une nation est coupable de remettre à la merci des autres son approvisionnement des denrées de première nécessité. Pouvoir d'un jour à l'autre être privé de pain, de sucre, de fer, c'est livrer sa destinée à un décret étranger, c'est une sorte de suicide anticipé qu'on a voulu prévenir en accordant une protection spéciale aux grains et aux fers français.

Si la guerre éclatait, nos colonies ne pourraient plus alimenter nos marchés, et nous nous retrouverions dans le même état où nous étions pendant l'Empire, avec cette différence que le prix élevé gênerait bien davantage la population; car l'usage du sucre a pris une bien plus grande extension.

On dit, il est vrai, qu'alors les neutres nous fourniraient le sucre, ou bien qu'on rétablirait à l'instant même les fabriques indigènes. Mais serait-ce notre intérêt de livrer à un allié suspect un approvisionnement qu'il nous ferait payer un prix exorbitant, et de lui laisser gagner tous les ans des millions sur une denrée que nous pourrions produire nous-mêmes?

Quant à la supposition de reconstruire nos fabriques, ce n'est pas lorsqu'un pays est obligé de s'imposer extraordinairement pour organiser sa défense qu'il peut employer ses capitaux à recréer une nouvelle industrie et à opérer un changement de culture, opération toujours longue, dispendieuse et qui déplace tant d'intérêts.

En résumé, tout se réunit en faveur de la fabrication indigène : les droits inviolables de tout produit métropolitain sur les produits coloniaux, les droits acquis par trente années d'efforts, de sacrifices et de succès, les droits de la justice ordinaire; car c'est sur la foi de la protection dont elle a joui qu'elle a emprunté des capitaux, construit des établissements, hasardé des essais, donné un grand essor à son industrie; les droits que possède toute industrie, dont les perfectionnements journaliers permettent d'invoquer l'avenir; enfin, les droits qu'on peut appeler politiques, parce que la conservation du sucre indigène est une garantie d'indépendance pendant la guerre, comme elle est une source féconde de travail et de prospérité pendant la paix.

CHAPITRE IV.

ALLIANCE DES DIVERS INTÉRÊTS.

(Intérêts de la fabrication indigène, des colonies et des consommateurs.)

Les résultats présentés dans les chapitres précédents nous semblent prouver jusqu'à l'évidence que la fabrication du sucre indigène doit être maintenue et protégée comme une des plus belles conquêtes industrielles dont le génie de l'Empereur Napoléon ait doté la France. Mais il est aussi de toute équité que le gouvernement cherche les moyens de protéger les intérêts coloniaux, sans cependant oublier l'intérêt général des consommateurs.

Depuis 1830, le gouvernement s'est montré dans cette question ou bien coupable, ou bien inhabile : coupable s'il a voulu, comme nous le croyons, arriver par des voies détournées et des accusations exagérées à la suppression de la betterave ; inhabile si tel n'est pas le résultat auquel il a voulu parvenir.

En effet, dans tous les pays, gouverner c'est conduire, et si dans un pays libre un gouvernement ne peut pas *trancher* à lui seul toutes les questions, son devoir consiste du moins à les *bien poser*. De l'énoncé d'un problème dépend souvent sa bonne ou mauvaise solution.

Les ministres en demandant naïvement aux conseils généraux de l'agriculture, des manufactures et du commerce, s'il fallait ou non *détruire* le sucre de betterave, commettaient une grande imprudence ; car ils éveillaient les passions hostiles à la fabrication indigène, et leur doute sur sa conservation montrait clairement la possibilité d'une suppression complète. En engageant la discussion sur ce terrain vis-à-vis des parties intéressées, il n'avançait en rien la solution, car il était clair que chacun demanderait la ruine de son rival, sans se préoccuper de l'intérêt général de la France. Si, au contraire, le gouvernement se fût prononcé énergiquement contre tout projet de destruction de la fabrication indigène, et, cette première base une fois posée, s'il eût mis au concours les moyens d'allier les intérêts rivaux, nul doute que depuis longtemps les deux industries vivraient en paix à l'abri de lois protectrices.

Supposons, par exemple, que le gouvernement soumît demain aux mêmes conseils la question de savoir s'il faut supprimer ou non le filage du lin à la mécanique dans l'intérêt des consommateurs, du commerce et de la marine, il susciterait contre cette belle industrie un épouvantable orage; car il y a tout à parier que les négociants des ports de mer viendraient énumérer complaisamment, comme ils le font aujourd'hui pour le sucre, tout ce qu'ils gagneraient en tonnage et en échange de marchandises par l'importation des fils et des tissus de lin étrangers.

Le grand art du gouvernement est de consulter toutes les capacités, en leur marquant le but et la route qu'il faut suivre, car sans cela on a beaucoup de bruit sans effet, beaucoup de travail sans résultat. Jamais il n'y a eu en France autant de savoir et d'intelligence mis en mouvement et aptes à concourir au bien-être général ; jamais pourtant on n'a si peu produit ; c'est qu'il n'y a aucun ensemble, aucune direction, aucun système, et la société, remplie d'idées sans faits et de faits sans pensées, se lasse de théories sans application, comme d'application sans suite et sans portée.

Une remarque essentielle trouve sa place ici : Rien, à notre avis, ne pourra remplacer, surtout pour le bien-être des intérêts matériels, le conseil d'État tel qu'il était organisé sous l'empire ; car pour rédiger de bonnes lois spéciales il faut des hommes spéciaux et impartiaux, qui, dégagés d'influences politiques, placés sur un terrain neutre, s'occupent, après une discussion approfondie, à mettre dans les lois, à côté de la théorie scientifique, la pratique de l'expérience.

Sous l'empire, le conseil d'État, composé d'hommes éclairés et divisés en sections spéciales, était chargé de rédiger et de discuter les projets de lois *avant de les soumettre* à l'approbation des Chambres, et de même que les machines de guerre et d'industrie, avant d'être livrées au public, subissent dans l'atelier des épreuves que l'art a reconnues nécessaires, de même sous l'empire, les lois avant d'être lancées dans le monde politique, étaient pesées, analysées, discutées sans esprit de parti, sans emphase, sans précipitation, par les hommes les plus compétents de la France. Aujourd'hui, au contraire, toutes les lois sortent improvisées des portefeuilles des ministres, et sont commentées ou morcelées par une commission dont les membres, souvent étrangers aux questions soumises, rédigent la loi suivant le désir de fortifier ou de renverser un ministère, selon que l'intérêt de la localité qu'ils représentent est favorable ou opposé à l'intérêt général.

Dans la question qui nous occupe il y a eu rapports sur rapports, enquêtes sur enquêtes, lois sur lois; et depuis douze ans elle a toujours été en s'obscurcissant. Le mal s'est aggravé, car les Chambres ont tantôt protégé par leurs votes le sucre indigène au détriment du sucre colonial, ou le sucre colonial au détriment du sucre indigène, ou enfin le sucre étranger au détriment des deux autres. Ce résultat est naturel : quelque capacité qu'ait un ministre ou les membres d'une commission, d'une assemblée législative, leur travail ne sera jamais aussi parfait que si, après l'élaboration des hommes spéciaux, il avait subi préalablement une discussion approfondie.

Dans l'état actuel c'est la presse qui est chargée de faire le travail préparatoire du conseil d'État ; mais elle ne le remplace pas, personne n'étant chargé de recueillir, d'analyser, de coordonner toutes les bonnes et utiles idées qui retentissent dans la presse quotidienne et périodique.

Pour allier les différents intérêts engagés dans la question des sucres, on a proposé plusieurs systèmes que nous croyons inutile de rappeler ; nous nous bornerons à émettre uniquement notre opinion sur les moyens les plus propres à obtenir un résultat que tout le monde doit appeler de ses vœux.

Nous proposons les modifications suivantes à la législation actuelle :

1° Diminuer de 7 fr. l'impôt qui frappe la fabrication indigène, et reporter sur la *consommation* le droit qui frappe aujourd'hui la *fabrication*.

2° Soumettre les sucres de Bourbon au même taux que les sucres des Antilles françaises.

3° Supprimer l'élévation de droit qui place les sucres bruts blancs des colonies dans une position moins favorable que les sucres d'une autre nuance.

4° Réduire les taxes à l'entrée sur les produits coloniaux qui n'ont point de similaires en France.

5º Abaisser de 70 à 67 le rendement des sucres coloniaux à leur sortie à l'état de raffinage, et porter de 70 à 75 par 100 kilogrammes le rendement sur les sucres étrangers.

6º Permettre aux colonies l'exportation directe à l'étranger de leurs sucres sur bâtiments français.

7º Les autoriser à raffiner chez elles le sucre qu'elles consomment et qu'elles peuvent exporter directement à l'étranger.

8º Enfin, établir dans l'intérêt des deux productions françaises, et pour l'avantage des consommateurs, une surtaxe sur les sucres étrangers, mobile et proportionnelle au prix courant des sucres.

Examinons les conséquences de pareilles mesures.

SUCRES INDIGÈNES.

Le sucre indigène est une matière éminemment imposable, et le gouvernement a bien fait de le grever d'un impôt. Cependant il est positif que la transition a été trop brusque et contraire à tous les principes de justice et de bonne politique; car l'effet produit par cet impôt a été de ruiner les fabriques qui ne se trouvaient pas en plein rapport, en état prospère, et d'augmenter, au contraire, l'activité des autres. On a tué le faible au profit des forts, on a empêché la fabrication de se répandre dans les départements où l'agriculture était moins perfectionnée, là où elle aurait produit un immense avantage pour le sol comme pour le bien-être des classes ouvrières, et on l'a forcée de se concentrer là où la richesse du sol, l'abondance des capitaux, l'ancienneté enfin des établissements lui permettaient seuls de lutter contre l'impôt. M. le baron Charles Dupin signale avec raison cet effet comme un inconvénient; mais la faute ne retombe-t-elle pas sur ceux qui ont toujours fait leurs efforts pour grever cette industrie et empêcher ses progrès? Le moyen de remédier à cet inconvénient serait de diminuer l'impôt de 7 fr. par 100 kilogrammes. Cela permettrait à d'autres fabriques de s'établir dans d'autres départements; et l'intérêt du pays comme le devoir du gouvernement est de répandre les bienfaits de cette industrie sur toute la surface de la France, d'encourager les nouvelles fabriques au lieu de les concentrer sur quelques points privilégiés.

Une amélioration importante à introduire serait

d'alléger la charge que supportent les fabricants en rendant la perception de l'impôt moins vexatoire et en adoptant le système employé pour les eaux-de-vie, dont le droit se prélève sur la consommation. Ce changement paraît d'autant plus facile et profitable, que M. Molroguier, l'un des chefs les plus distingués de l'administration des impôts indirects, recommande ce changement dans son examen de la question des sucres, et prouve qu'il y aurait avantage non-seulement pour les fabricants, mais même pour le trésor, qui éviterait par ce moyen toute chance de fraude.

EXPORTATION DIRECTE A L'ÉTRANGER DU SUCRE DES COLONIES, RAFFINAGE ET RENDEMENT.

Permettre aux colonies d'exporter directement à l'étranger sur navires français le sucre qu'elles n'auraient pas trouvé à placer sur le marché de la métropole, serait relever leur commerce et augmenter leur bien-être. Cette mesure est tellement dans la nature des choses, que les gouverneurs de la Martinique et de la Guadeloupe eurent recours à ce moyen, en 1839, pour faire écouler les produits qui encombraient ces colonies, et qui se trouvaient, par extraordinaire, il est vrai, plus chers sur les marchés étrangers que sur les marchés français.

Il est probable néanmoins que les colonies en trouveraient le placement hors de France, puisque depuis 1834 on en a exporté des entrepôts français à l'état brut, quoique une double traversée ait dû en augmenter le prix.

Récemment encore un journal rapportait une pétition des colonies où cette demande était formulée.

Les États-Unis leur offriraient peut-être un débouché certain, car la Louisane voit diminuer journellement la culture de la canne à sucre. Dans l'état actuel nos quatre colonies sucrières reçoivent de l'Amérique et des colonies étrangères annuellement pour neuf millions de valeur ; elles n'y exportent en retour que pour six millions.

Le sucre les relèverait donc de leur infériorité dans la balance de leur commerce particulier.

Mais si à cause de la chéreté de leur production il leur était impossible de placer à l'étranger leurs sucres bruts, le devoir de la métropole serait de leur permettre de les raffiner tout en en prohibant l'entrée en France ; car, ou bien les colonies n'exporteraient à l'étranger à l'état de raffinage que l'excédant de ce qu'elles n'auraient pas pu placer en France à l'état brut, et cette faible soustraction n'apporterait aucun changement dans leurs relations avec la métropole, ou bien elles exporteraient directement à l'étranger la plus grande partie de leurs sucres, et alors la France recevrait des colonies étrangères le sucre dont elle aurait besoin pour compléter son approvisionnement ; mais dans ce cas cette introduction ne nuirait à aucun intérêt national, tout en offrant de plus grands bénéfices au trésor.

D'ailleurs en baissant le rendement sur les sucres raffinés des colonies et en élevant le rendement sur les sucres étrangers à leur sortie, les colonies trouveraient peut-être un avantage à faire raffiner leurs sucres en France, et se borneraient dans ce cas à raffiner leur sucre de consommation. Quoique cette quantité ne se monte qu'à 115,000 kilogrammes, ce serait toujours un grand bénéfice, car actuellement elles ne peuvent consommer leur production qu'après lui avoir fait traverser deux fois l'Atlantique.

Dans tous les cas et suivant toutes les probabilités, les exportations de France ne diminueraient pas; elles augmenteraient au contraire la condition des Antilles venant à s'améliorer d'une manière sensible ; car plus une colonie est florissante, plus ses relations commerciales avec la métropole se multiplient. L'Angleterre exporte ses produits dans l'Amérique du Nord en bien plus grand nombre depuis que celle-ci a grandi dans l'indépendance. Le commerce espagnol profite bien plus de la liberté maritime accordée à l'île de Cuba que si elle avait conservé un monopole oppressif. Nos colonies, objecte-t-on, s'approvisionneraient plutôt en Angleterre que chez nous. Mais d'abord nous consommerions probablement toujours une grande partie de leurs sucres, et le même échange aurait lieu ; ensuite les habitudes, les goûts, les besoins des colonies ne changent pas, alors même qu'elles se séparent de la mère-patrie. Les deux pays cités plus haut nous en offrent la preuve. Il en est une plus frappante dans l'exemple de Saint-Domingue, qui a continué à préférer nos produits à ceux de l'Angleterre; dans l'exemple de l'île Maurice, qui s'approvisionne encore chez nous d'un grand nombre de marchandises, quoiqu'elle même, passé sous la domination anglaise, ne nous apporte presque aucun de ses produits. En 1840 nous y avons exporté pour une valeur de 5,477,000 et nous n'en avons tiré que pour 174,000 francs. (Voy. Documents de l'administration des douanes.)

Enfin ce qui peut encore faire prévoir que nos colonies ne cesseraient pas pour cela de s'approvisionner en France, c'est que les États-Unis d'Amérique et les colonies étrangères viennent chercher les mêmes espèces de marchandises que nous exportons aux colonies, le froment excepté. La France exporte pour 17 millions de francs de valeur dans les possessions espagnoles de Cuba et Porto-Ricco. Aucune raison par conséquent de croire que les colonies iraient chercher ailleurs les objets que les Américains eux-mêmes trouvent avantageux à recevoir de la France. D'ailleurs, cette liberté commerciale existe déjà en grande partie pour Bourbon et Cayenne ; a-t-elle nui en rien au commerce français ?

Il y a de plus un argument à faire valoir aux yeux de ceux qui mettent les colonies sur le même pied que la métropole. Puisque, d'après leur avis, le sucre colonial est un produit aussi français que ceux qui viennent des rives de la Seine, c'est donc absolument la même chose que des navires français échangent à l'étranger du sucre colonial français contre des marchandises étrangères, ou bien qu'ils exportent des marchandises françaises pour rapporter du sucre étranger.

En examinant tous les faits on s'étonne de voir combien dans les rapports internationaux la routine apporte encore d'entraves.

Le monopole du commerce colonial a été institué dans l'intérêt de la métropole, afin de favoriser son commerce et d'accroître sa prospérité, et maintenant que la révolution opérée par la betterave et par la perte de nos autres possessions en Amérique, a rendu ce monopole nuisible et à la métropole et aux colonies, on s'obstine à le maintenir.

SUCRES DE BOURBON.

Nous avons déjà dit pourquoi on devait mettre sur les sucres de Bourbon les mêmes droits que sur les sucres de la Guadeloupe et de la Martinique; ce serait de l'équité : on doit protéger ceux qui souffrent et non ceux qui prospèrent. Les Anglais ont pris l'initiative de mesures semblables, puisque, à l'opposé de ce qui se pratique en France, ils ont mis un droit plus élevé sur le sucre de l'Inde que sur le sucre de leurs Antilles.

SUCRES BLANCS.

Nous n'avons pas besoin de revenir sur l'opportunité de la mesure qui tendrait à faire disparaître le droit différentiel dont on a frappé les sucres blancs. Il est évident que l'obligation imposée aux colons de n'envoyer que des sucres très-impurs en France, afin de conserver à cette denrée toute sa pesanteur transportable, est une loi barbare.

PRODUITS COLONIAUX AUTRES QUE LE SUCRE.

On a conseillé depuis longtemps au gouvernement de réduire les taxes à l'entrée des produits coloniaux qui n'ont pas de similaires en France, comme un moyen avantageux pour les deux partis. Cela engagerait les colonies à ne plus persévérer dans une culture exagérée de la canne, et, au contraire, à reprendre la culture du café, du cacao, du girofle et du coton. Le trésor, il est vrai, y perdrait momentanément; cependant le café, entre autres, devenant meilleur marché, il en serait fait une plus grande consommation qui offrirait un double avantage : le premier d'équilibrer la perte ; le second, et il est précieux pour les classes pauvres de la société, de remplacer les boissons spiritueuses par des boissons chaudes, véritable bienfait hygiénique. Enfin, avec le café, la consommation du sucre augmenterait en proportion.

SURTAXE.

Quant à la surtaxe sur les sucres étrangers, il faut qu'elle soit mobile, et proportionnelle au prix courant des sucres, imitant ainsi ce qui existe déjà pour les blés étrangers. Sans cela deux écueils à redouter. Si on la fixe trop bas, comme cela a lieu depuis 1830, le sucre étranger devient un concurrent dangereux pour les produits français; si on la fixe à un taux trop élevé, on tombe dans l'inconvénient que l'enquête de 1829 révèle par ces paroles. « La surtaxe » établie en 1822 avait été calculée de manière à » expulser les sucres étrangers de notre consomma-

» tion, alors même que *nos colonies ne pourraient sa-*
» *tisfaire à toutes nos demandes.* »

Or, en établissant la surtaxe proportionnelle, lorsque le prix des sucres serait trop élevé, on laisserait entrer les sucres étrangers, ce qui serait dans les intérêts des consommateurs, et même des raffineurs. Lorsque le sucre serait à un prix très-bas, la surtaxe sur les sucres étrangers atteindrait un taux prohibitif, afin que ce troisième produit ne vînt pas par sa présence dans les entrepôts peser sur le marché, encombrer la place, et produire les crises commerciales qu'on a si souvent eues à déplorer.

Ainsi donc, il ne dépend que du gouvernement et des Chambres de rendre la vie à l'industrie indigène et aux colonies, sans nuire aux intérêts des consommateurs. Mais, pour arriver à cet immense résultat, il faut n'avoir en vue qu'un but, la prospérité générale de la France, et fouler aux pieds ces vues égoïstes et mesquines d'intérêts privés qui nuisent toujours à une nation, et qui déshonorent les représentants d'un grand peuple.

CHAPITRE V.

RÉSUMÉ.

De graves intérêts français sont en souffrance ; ils réclament un remède prompt, efficace. Un palliatif ne ferait qu'aggraver la situation : l'incertitude de l'avenir est le pire de tous les maux.

La question doit être nettement posée, la solution décisive.

Puisque c'est l'existence de la fabrication du sucre de betterave qui est compromise, il importe avant tout de savoir à qui profiterait la suppression, et dans quel intérêt on veut l'obtenir.

1° Est-ce en faveur des colonies?

2° Est-ce en faveur des étrangers?

Sortir de ce dilemme est une nécessité impérieuse, car les Chambres doivent peser mûrement les conséquences des mesures qu'on leur propose.

Dans le premier cas, si c'est franchement, sincèrement en faveur des colonies que le sacrifice intérieur doit s'accomplir, qu'on adopte alors les mesures les plus propres à amener ce résultat. Qui veut le but doit vouloir les moyens.

Il faut nécessairement élever la valeur du principal produit en haussant la surtaxe, et assurer l'avenir de la production en déclarant le maintien de l'esclavage, car avec la concurrence étrangère, point de prix rémunérateur, partant point de soulagement; sans sécurité pour l'avenir, point de prospérité.

Or la surtaxe est seulement aujourd'hui de 20 fr. pour 100 kilogrammes sur les sucres étrangers. Ceux-ci envahissent le marché dans une proportion toujours croissante, et remplacent ainsi ce que la fabrication indigène livre de moins depuis l'impôt dont on l'a grevée.

Si la betterave disparaissait entièrement, la lacune serait comblée à l'instant même. Pour améliorer la situation des Antilles, il faudrait donc élever la surtaxe et l'élever considérablement; nous avons vu que lorsque les produits des colonies étaient seuls en présence des produits étrangers, les taux de 27 fr. 50 c., de 30 fr., de 40 fr., furent déclarés insuffisants en 1820, 1822, 1826, et les réclamations des colonies ne cessèrent que lorsque la surtaxe fut amenée au taux prohibitif de 50 fr.

Quant à l'avenir réservé aux esclaves, les colons ont besoin d'être rassurés. Autant vaut, nous le répétons, supprimer la culture de la canne que proclamer l'émancipation. Sans cesse sous le coup de cette mesure menaçante, les planteurs ne trouveront pas de capitaux qui veuillent s'aventurer à soutenir une industrie frappée de mort; leur malaise continuerait à s'accroître, puisqu'une des causes de leur gêne est le taux élevé des capitaux dont l'emprunt leur est nécessaire.

Les deux moyens principaux que nous venons d'indiquer sont les seuls qui puissent réellement faire profiter les colonies de la suppression de la betterave, et si le gouvernement y avait recours, son action serait franche, loyale, les conséquences en seraient immédiates et certaines (1).

(1) Mais, au contraire, on a déjà laissé entrevoir, comme dans la pé-

Cependant, d'un autre côté, cette première hypothèse serait totalement opposée à la prospérité générale de la France. On sacrifierait le travail libre de cent mille Français au travail forcé de quatre-vingt-dix mille esclaves? (Tel est le nombre des esclaves occupés à la culture de la canne dans nos quatre colonies.)

On sacrifierait un revenu annuel de 14 millions pour l'agriculture, de 8 millions pour les classes ouvrières; enfin un mouvement d'argent de 100 millions à une augmentation de recette pour le trésor de 7 à 8 millions tout au plus?

Il y aurait dans ce cas violation de tous les droits; car les produits du sol français doivent avoir la priorité sur les produits des tropiques; les colonies ont été établies dans l'intérêt de la métropole, et non la métropole dans l'intérêt des colonies.

Il y aurait violation de principes, car les intérêts de l'agriculture et de l'industrie ne doivent pas être lésés au profit du commerce extérieur et encore moins au profit du fisc.

Enfin il y aurait violation manifeste des intérêts

tition des négociants du Havre, qu'après avoir détruit la betterave on baisserait aussi la surtaxe sur les sucres étrangers.

généraux; car la prospérité de sept départements, dont la population s'élève à 4 millions d'habitants, serait immolée à trente-un mille colons (1), et l'intérêt des consommateurs à deux îles de l'Océan. (Nous avons prouvé que la Martinique et la Guadeloupe sont les seules colonies en souffrance.)

Cette première hypothèse est donc impossible. Il est impossible, en effet, de faire remonter le prix des sucres à ce qu'ils étaient sous la restauration. Il est impossible de restreindre la consommation d'une denrée devenue indispensable. Il est impossible d'arrêter la marche de la civilisation, et de dire aux hommes de couleur qui vivent sous la domination française : « Vous seuls ne serez jamais libres. »

Il est donc impossible que la suppression de la fabrication indigène se fasse au profit des intérêts coloniaux.

Reste donc la seconde hypothèse, la seule réalisable, la seule probable, la seule qu'on ait en vue, l'abandon de notre approvisionnement aux étran-

----

(1) Il est clair que nous ne comptons pas les esclaves et les gens de couleur libres, puisqu'ils sont intéressés, au contraire, à la suppression de la canne à sucre.

gers. En ce cas rien de plus clair; il faut abaisser la surtaxe en entier, afin que l'avantage des consommateurs devienne au moins une sorte de compensation à la ruine de tant d'existences. Alors, il est vrai, non-seulement on aura abandonné l'avenir de l'agriculture, de l'industrie, de notre indépendance, mais on aura perdu aussi les colonies et les intérêts qui s'y rattachent; intérêts dont aujourd'hui on exalte tant l'importance au profit seul des colonies étrangères.

La prospérité de la France est donc totalement opposée à la destruction de la betterave, de quelque manière que l'on s'y prenne, de quelque côté qu'on envisage les conséquences. La conserver en alliant son existence au bien-être des colonies est la seule mesure praticable. La raison l'indique au gouvernement, son devoir l'y oblige.

Dans ce but, la première décision à prendre est d'expulser les sucres étrangers en les tenant en réserve au moyen d'un droit mobile et proportionnel au prix courant, afin de permettre leur entrée dans le seul cas où les productions françaises ne suffiraient pas à la consommation.

Quant aux colonies, la métropole ne pouvant plus leur permettre de disposer à elles seules du marché et d'y fixer les prix suivant leur convenance, elle doit relâcher les liens du monopole qui les étouffe, leur ouvrir des débouchés à l'étranger, et prendre les mesures dont nous avons parlé plus haut pour allier leur bien-être avec celui de la mère-patrie.

Ce système, ou tel système analogue, réconcilierait sans aucun doute les intérêts qui, aujourd'hui en présence, se font une guerre fratricide et acharnée. Mais nous craignons qu'aux yeux du pouvoir la prospérité de sept départements, le bien-être d'une grande partie de la classe ouvrière, la résurrection des colonies, tous ces grands avantages nationaux, enfin, disparaissent devant une question de fisc et de condescendance pour les étrangers.

Il fut un temps où des hommes trop systématiques peut-être, mais honorables sans aucun doute, disaient : Périssent les colonies plutôt qu'un principe ! Aujourd'hui on dit : Périssent colonies, industrie, principes, pourvu que la recette du trésor ne diminue pas d'un centime !

Cependant la France a droit de demander à ceux qui gouvernent depuis douze ans, de deux choses l'une, ou la paix ou la guerre. Ou la guerre avec toutes ses chances, ou la paix avec tous ses bienfaits.

Or, le premier bienfait de la paix est d'avoir des impôts peu élevés, et d'employer les ressources du pays à donner une grande activité aux relations industrielles, commerciales, et aux communications des hommes entre eux. Si nous sommes en paix, pourquoi dépenser depuis 1830 près de quatre milliards (1) pour dompter l'élite de la population au métier des armes, sans profit pour personne? ou bien, si la guerre nous menace, pourquoi ne pas employer ces hommes et ces millions à faire respecter la France?

Si nous avons la paix, pourquoi détruire une industrie florissante pour augmenter les revenus du trésor de sept ou huit millions, tandis que d'un autre côté on entretient une armée plus chère que celle qui vainquit à Eckmühl et à Wagram (2)? et

----

(1) Budgets définifs depuis 1830 à 1839......   2,683,648,944 fr.

Budgets provisoires depuis 1840 à 1843........   1,120.955,459 fr.

Total.....   3 804 604,403 fr.

Dans quelle admirable situation ne serait pas aujourd'hui la France si elle eût employé la moitié de cette somme, c'est-à-dire près de deux milliards, à améliorer l'agriculture, à encourager l'industrie, ou à créer de nouvelles voies de communication !

(2) L'armée française, en 1809, forte de 736,000 hommes, a coûté 320,000,000 fr. en comptant même la garde impériale.

pourquoi sacrifier trois cents millions à la fortifica-
tion de Paris? pourquoi enfin être si prodigue d'un
côté et si avare de l'autre?

Il semble que depuis douze ans on se soit imposé
la tâche d'entraver toute attitude ferme et digne à
l'extérieur, en montrant la crainte de la guerre, et
d'entraver à leur tour à l'intérieur tous les grands
projets que la paix protége et développe, sous le
prétexte de guerre prochaine.

Ainsi, partout contradiction flagrante entre les
paroles et les faits. On veut détruire, dit-on, l'industrie française au profit de la marine et des colonies, et l'on abandonne l'honneur et les intérêts de
notre marine par l'adhésion au droit de visite, et
l'on ruinera les colonies par l'émancipation des esclaves!

Cet abandon de tout système, cette confusion de
toutes les notions du juste et de l'injuste, viennent
du mépris où sont tombés les principes éternels sur
lesquels se fondent la vie et la richesse des nations.
On a voulu diviser ce qui est indivisible, mettant

En 1840, l'armée, forte de 500,000 hommes, a coûté 367,233,184 fr.
L'administration centrale de cette armée a coûté, en 1809, 3,047,194 fr.
L'administration centrale de la guerre a coûté, en 1840, 6,838,776 fr.

d'un côté les intérêts matériels, de l'autre les besoins moraux de la nation, comme si l'effet pouvait se séparer de la cause, comme si le corps pouvait se diriger et prospérer sans l'âme qui le conduit.

Pour un peuple l'honneur, pour un individu la morale évangélique, sont toujours les meilleurs guides et les meilleurs conseillers au milieu des embarras et des périls de la vie.

L'honneur montre aux peuples le chemin qu'ils doivent suivre, et il peut presque toujours se traduire en avantages positifs, palpables, en questions de tarif.

L'exemple des dernières années qui viennent de s'écouler ne suffit-il pas pour nous convaincre de cette vérité ? Sous le prétexte de développer et d'encourager les intérêts matériels, on a abandonné une politique honorable, et les conséquences immédiates de ce système ont été l'établissement des douanes prussiennes, qui ferment l'est et le nord de l'Europe à notre commerce; la Confédération du Rhin s'est soustraite à notre influence et a repoussé nos produits. Bientôt nous ne fournirons même plus à notre intime et fidèle alliée, la Suisse, les deux principaux éléments de nos échanges, le sel et le sucre. L'Angleterre pendant douze ans nous a inondés de ses fils et tissus de lin sans abaisser les droits sur nos vins, cette première production du sol français. L'Espagne augmente ses tarifs pour restreindre nos exportations, et se livre à l'Angleterre, parce qu'elle sait qu'on ne peut pas compter sur l'alliance de la France. Enfin l'Amérique, à laquelle nous avons donné bénévolement vingt-cinq millions, a augmenté les droits sur nos produits. L'influence française a semblé disparaître de l'autre côté de l'Atlantique du jour où a cessé le traité de commerce fait par l'empereur Napoléon en faveur de nos vins du Midi.

Qu'on ne sépare donc pas l'honneur des intérêts matériels, qu'on ne bâtisse pas de faux systèmes de prospérité commerciale sur la ruine d'une industrie florissante et nationale. Qu'on se souvienne enfin de cette maxime de Montesquieu : « *L'injustice et la* » *couardise sont mauvaises ménagères !* »

Quant à l'industrie indigène, qu'elle relève la tête, ses ennemis hésiteront à lui porter le dernier coup. Les Chambres, nous l'espérons, la couvriront de leurs votes protecteurs, et cette fille de l'Empire

reviendra à la vie si, au lieu de s'abandonner elle-même et de quêter une aumône, elle revendique hautement ses droits et répond à ses adversaires :
« *Respectez-moi, car j'enrichis le sol, je fertilise des ter-* » *rains qui sans moi resteraient incultes; j'occupe des* » *bras qui sans moi resteraient oisifs. Enfin, je résous* » *un des plus grands problèmes des sociétés modernes :* » *j'organise et moralise le travail.* »

SUCRES.

TABLEAU A.

ANNÉES.	SUCRES IMPORTÉS ET FABRIQUÉS — Moyenne de 5 ans.	COLONIAUX.	ÉTRANGERS.	INDIGÈNES.	SUCRES ACQUITTÉS — DES COLONIES FRANÇAISES.	DE L'ÉTRANGER.	SUCRES RÉEXPORTÉS — DES ENTREPÔTS en même nature.	DE L'INTÉRIEUR après raffinage.	PROFIT NET DU TRÉSOR SUR L'IMPORTATION DES SUCRES — Moyenne de 5 ans.	francs.	PRIX MOYEN DES 50 KILOGR. DE SUCRE dit bonne 4e — fr.	c.	CONSOMMATION INTÉRIEURE.
		kilogr.	kilogr.	kilogr.	kilogr.	kilogr.	kilogr.	kilogr.		francs.	fr.	c.	kilogr.
1826	73,448,429	73,266,291	9,677,915	1,500,000	69,515,681	2,148,235	7,557,426	4,744,000	26,877,602	31,275,444	74	00	68,219,916
1827		65,828,406	12,128,244	2,200,000	59,373,255	944,376	9,230,457	6,528,700		24,036,485	78	50	55,988,951
1828		78,474,978	8,715,216	2,685,000	70,922,969	679,887	9,550,855	6,815,900		28,774,618	77	52	67,471,986
1829		80,996,914	11,694,918	4,380,000	74,010,058	529,094	7,791,519	9,556,400		27,657,989	75	20	69,582,752
1830		78,675,558	10,604,803	7,000,000	68,884,944	776,866	9,663,618	12,028,300		22,645,507	71	58	64,655,510
1831	81,615,205	87,872,404	9,584,928	9,000,000	81,289,571	445,805	10,700,815	13,827,200	26,394,851	27,451,488	65	45	76,908,174
1832		77,307,799	5,459,624	12,000,000	82,247,664	346,545	6,292,835	22,411,600		20,485,620	68	45	72,482,604
1833		75,597,245	6,107,800	20,000,006	69,918,686	1,588,176	4,522,241	15,007,200		21,651,552	68	50	76,499,662
1834		83,049,141	12,080,451	30,000,000	66,475,450	4,366,804	5,109,790	5,925,100		31,729,750	66	50	96,919,454
1835		84,249,890	10,454,289	40,000,000	69,359,548	5,292,480	12,497,403	5,999,800		30,995,748	65	79	106,652,228
1836	79,212,396	79,526,022	9,461,555	48,968,805	66,188,958	1,012,835	11,957,099	10,605,100	28,388,711	26,658,686	65	00	105,565,496
1837		66,555,565	10,618,467	49,226,091	66,489,668	5,542,966	7,978,435	5,901,600		30,731,545	61	50	115,157,125
1838		86,992,808	12,589,707	39,199,408	68,146,683	3,309,480	18,141,520	7,454,200		29,564,724	57	50	103,201,173
1839		87,664,893	6,596,818	22,748,957	71,613,062	655,340	14,771,577	9,218,300		24,844,110	55	05	85,799,059
1840		75,345,696	17,355,299	26,939,897	78,445,086	6,666,560	6,406,920	4,902,400		30,164,526	64	00	112,031,345
1841 (dix 1ers mois)		80,085,000	19,622,000	26,250,549	60,076,000	40,425,000	5,495,917	6,764,684	(*)	=	58	50	=

(*) Il faut ajouter au profit net du trésor les droits perçus sur le sucre de betterave, qui se montaient, en 1838, à 707,792 fr. ; en 1839, à 3,372,994 fr.; en 1840, à 4,587,434 fr.; et en 1841, à 4,854,035 fr. Ajoutant ces trois premiers chiffres aux années correspondantes, on a, pour la dernière moyenne quinquennale du profit net du trésor, la somme de 30,416,555 f.

NOTE. Les chiffres contenus dans ce tableau sont tous officiels. La consommation intérieure est calculée ainsi : On ajoute ensemble les sucres acquittés, tant des colonies que de l'étranger et la production indigène, et on retranche de la somme la quantité de sucre exportée après raffinage. Pour avoir la consommation réelle, il faudrait ajouter aux chiffres ci-dessus la quantité de sucre de betterave qui échappe au fisc, et la quantité de sucre de pommes de terre produite et qu'on évalue à 3 ou 4 millions de kilogrammes par an.

MOUVEMENT DE LA NAVIGATION AVEC LES QUATRE COLONIES A SUCRE ET NAVIGATION GÉNÉRALE.

TABLEAU B.

(Chiffres officiels, d'après l'Administration des Douanes.)

ANNÉES.	COLONIES A SUCRE.																				MOUVEMENT GÉNÉRAL DE LA NAVIGATION DE LA FRANCE.	
	MARTINIQUE. ENTRÉES ET SORTIES RÉUNIES.				GUADELOUPE. ENTRÉES ET SORTIES RÉUNIES.				BOURBON. ENTRÉES ET SORTIES RÉUNIES.				CAYENNE. ENTRÉES ET SORTIES RÉUNIES.				TOTAUX. ENTRÉES ET SORTIES RÉUNIES.					
	Moyenne de 5 ans.	navires	Moyenne de 5 ans.	tonnage.	Moyenne de 5 ans.	navires	Moyenne de 5 ans.	tonnage.	Moyenne de 5 ans.	navires	Moyenne de 5 ans.	tonnage.	Moyenne de 5 ans.	navires	Moyenne de 5 ans.	tonnage.	Moyenne de 5 ans.	navires	Moyenne de 5 ans.	tonnage.	Moyenne de 5 ans.	tonnage.
1851	289.	290	69,204.	76,005	559.	589	85,610.	93,598	157.	112	42,518.	55,457	42.	50	8,051.	8,514	788.	848	203,464.	215,543	4,957,000.	1,868,000
1852		234		75,449		534		87,276		152		41,151		45		8,208		843		210,084		2,021,000
1853		212		54,237		280		70,821		153		42,421		40		7,736		667		175,236		1,881,000
1854		279		71,455		555		88,548		149		46,496		55		6,594		796		212,895		2,155,000
1855		283		70,879		357		86,191		157		48,088		45		9,105		822		214,251		2,185,000
1856	247.	240	64,576.	65,142	290.	519	77,678.	85,872	130.	146	49,646.	44,842	51.	57	10,947.	12,525	779.	762	202,848.	206,581	5,017,000.	2,499,000
1857		236		60,705		245		65,379		156		50,639		50		11,085		687		186,026		2,608,000
(*) 1858		238		70,162		291		80,986		172		64,118		51		11,889		772		224,445		5,231,000
1859		260		67,809		316		82,955		146		47,859		44		9,575		766		208,066		5,369,000
1840		242		60,985		282		73,904		155		45,772		55		9,865		710		189,626		5,550,000

(*) A partir de 1838 l'évaluation officielle du tonnage des navires a été réduite d'environ quinze pour cent ; mais dans le Tableau ci-dessus, on a conservé l'ancien mode de jaugeage, afin de permettre d'établir la comparaison avec les années précédentes.

VALEUR DU COMMERCE DE LA FRANCE AVEC SES QUATRE COLONIES A SUCRE.

TABLEAU C.

(Chiffres officiels, extraits des Tableaux de l'Administration des Douanes.)

ANNÉES.	IMPORTATIONS EN FRANCE DE — MARTINIQUE. Moyenne de 5 ans.	francs.	GUADELOUPE. Moyenne de 5 ans.	francs.	BOURBON. Moyenne de 5 ans.	francs.	CAYENNE. Moyenne de 5 ans.	francs.	TOTAL. Moyenne de 5 ans.	francs.	EXPORTATIONS DE FRANCE POUR — MARTINIQUE. Moyenne de 5 ans.	francs.	GUADELOUPE. Moyenne de 5 ans.	francs.	BOURBON. Moyenne de 5 ans.	francs.	CAYENNE. Moyenne de 5 ans.	francs.	TOTAL. Moyenne de 5 ans.	fr. nes.	IMPORTATIONS ET EXPORTATIONS RÉUNIES. TOTAL. Moyenne de 5 ans.	francs.
1831	16,726,596	18,992,059	23,801,243	26,185,619	16,157,397	15,005,276	2,312,802	2,426,758	58,988,058	62,605,692	15,302,102	12,637,930	15,648,270	12,145,455	6,395,311	5,715,508	2,044,068	1,736,792	30,787,748	30,253,685	98,775,786	92,859,378
1832		16,405,557		25,365,978		14,911,818		2,000,528		56,682,661		21,259,168		22,908,494		5,537,403		2,027,046		31,732,108		108,414,769
1833		14,761,805		21,161,450		16,178 236		2,157,740		54,259,209		12,458,288		12,296,101		7,020,561		2,272,611		34,027,561		88,286,770
1834		17,250,560		24,556,015		16,343,882		2,249,732		60,349,987		14,464,877		14,584,955		8,743,725		2,156,572		39,750,129		100,100,416
1835		16,244,440		23,738,175		18,380,773		2,679,234		61,042,642		16,710,248		16,508,552		7,949,536		2,027,505		43,195,261		104,237,903
1836	16,003,086	15,428,852	21,728,746	25,641,254	18,085,640	16,134,257	3,019,881	3,051,555	58,856,534	58,255,598	17,180,124	15,655,823	16,875,647	20,205,758	10,775,732	7,569,044	2,919,915	2,758,345	47,731,420	46,186,972	106,587,775	104,442,570
1837		15,428,410		17,236,252		13,455,411		2,762,054		48,880,127		17,307,864		17,614,966		10,776,198		3,098,441		48,797,469		97,677,896
1838		17,112,402		21,511,860		21,420,600		2,754,991		62,479,862		15,594,485		15,192,701		15,745,876		3,417,507		47,950,369		110,430,251
1839		18,630,715		25,921,860		21,234,455		2,905,471		68,742,499		16,387,528		14,559,977		11,686,629		2,682,275		45,316,407		114,028,906
1840		13,590,574		20,532,506		16,485,470		3,645,556		55,853,686		20,954,921		16,806,856		10,100,917		2,645,212		50,505,886		106,559,572

TABLE DES MATIÈRES.

Pages.

PRÉFACE... V

CHAPITRE I. — *Historique et état de la question*............ 1
Intérêts anglais opposés à la fabrication indigène. Le système du
gouvernement français lui est également opposé. Mesures de la
restauration, favorables. La suppression de la betterave ne profiterait pas aux colonies, mais aux étrangers.

CHAPITRE II. — *Intérêts*.................................. 27
Intérêts agricoles. Étendue en hectares des différentes cultures.
Avantages de la betterave. *Intérêts industriels*. Caractère de
l'industrie moderne. La fabrication indigène résout en grande
partie le problème de l'organisation du travail. *Intérêts coloniaux et maritimes*. La Martinique et la Guadeloupe seules
sont en souffrance. L'intérêt de la navigation générale de la
France est opposé aux intérêts de la navigation réservée. *Intérêts du trésor*. Ils ne sont nullement compromis. *Intérêts des
consommateurs*. Un hectare planté en betteraves produit plus
de sucre qu'un hectare planté en cannes à sucre. Le sucre de
betterave pourra donc devenir aussi bon marché que le sucre
de canne.

CHAPITRE III. — *Droits et avenir des deux industries*........ 69
L'industrie indigène pourra supporter l'égalité d'impôt. La production du sucre sera anéantie aux colonies par l'émancipation
des esclaves.

CHAPITRE IV. — *Alliance des divers intérêts*................. 85
Diminuer l'impôt sur le sucre indigène. Perception sur la con-

sommation et non sur la fabrication. Exportation directe des colonies à l'étranger. Raffinage. Rendement. Sucres bruts blancs. Produits des colonies qui n'ont point de similaires en France. Surtaxe mobile et proportionnelle.

CHAPITRE V. — *Résumé* 103
La suppression en faveur des colonies est impossible. En faveur des étrangers, funeste. L'alliance des intérêts divers, la seule mesure exécutable. L'honneur, le meilleur guide des intérêts matériels.

Tableau A. Mouvements, prix des sucres, recettes 115
Tableau B. Navigation coloniale et navigation générale 116
Tableau C. Valeur du commerce avec les colonies 117